国家重点基础研究发展计划"973"计划项目资助
煤中含硫组分对微波的化学物理响应与脱除(2012CB214903)出版基金资助
"十三五"江苏省重点出版规划

新峪炼焦煤中有机硫的赋存
及硫醚/硫醇类有机硫的微波响应研究

马祥梅　著

中国矿业大学出版社

图书在版编目(CIP)数据

新峪炼焦煤中有机硫的赋存及硫醚/硫醇类有机硫的
微波响应研究 / 马祥梅著. —徐州 ：中国矿业大学出
版社，2017.6

ISBN 978 - 7 - 5646 - 3153 - 6

Ⅰ. ①新… Ⅱ. ①马… Ⅲ. ①焦煤－有机硫化合物—
研究 Ⅳ. ①TQ52

中国版本图书馆 CIP 数据核字(2016)第 146664 号

书　　名	新峪炼焦煤中有机硫的赋存及硫醚/硫醇类有机硫的微波响应研究
著　　者	马祥梅
责任编辑	褚建萍
出版发行	中国矿业大学出版社有限责任公司
	（江苏省徐州市解放南路　邮编 221008）
营销热线	(0516)83885307　83884995
出版服务	(0516)83885767　83884920
网　　址	http：//www. cumtp. com　**E-mail**：cumtpvip@cumtp. com
印　　刷	江苏淮阴新华印刷厂
开　　本	787×1092　1/16　**印张** 7　**字数** 180 千字
版次印次	2017 年 6 月第 1 版　2017 年 6 月第 1 次印刷
定　　价	28.00 元

（图书出现印装质量问题，本社负责调换）

序

炼焦煤不仅是我国稀缺煤种，而且分布很不均衡，焦煤资源的紧缺已经成为阻碍我国焦化工业发展的主要因素。硫是煤炭中的伴生元素，煤直接燃烧排放的 SO_2 和富集了大量重金属的细微颗粒对人体和其他生物都具有极大的危害性，已成为环境污染最突出的因素。作为炼焦用煤将直接影响炼焦精煤的品质和下游焦炭、合成气以及钢铁产品的产量，增大钢铁的热脆性，降低其机械性能。从资源的可持续发展和环保的角度考虑，有效地抑制煤炭加工利用过程中硫的排放以及实现煤的高效洁净转化利用，对充分利用炼焦煤资源、保护环境以及保障我国煤炭工业稳定发展具有重大意义。

微波能具有环境热损耗低、受热物料无惰性、高效且无环境污染等优点，符合工业连续自动化加热生产的要求，在煤炭领域的研究和应用中得到了广泛关注和重视。微波辐照脱除煤中含硫组分在理论和技术两方面都已经被证实是可行的，具有反应条件温和、易于控制、对煤的有机质破坏程度较小等优点。煤中的有机硫由于成分复杂，难于集中分离而成为研究工作的难点。由于受到研究条件和技术手段等因素的制约，现有的研究多停留在宏观水平，尚未从分子水平上研究及阐明煤中含硫键的特性；对煤中的含硫组分在微波辐照下的响应特征也缺乏相关的研究。

研究煤中硫的分布和硫的存在形式及其含量对其有效脱除有重要意义，该书作者近几年在微波辐照脱除炼焦煤中硫醇/硫醚类有机硫开展了大量基础性研究。利用温和条件下溶剂逐级萃取结合族组分分离的方法系统地分析了山西新峪高硫炼焦煤中含硫组分赋存状态。在认知含硫组分化学结构的基础上，探讨了不同结构硫醚/硫醇类化合物的微波响应规律及影响因素并开展微波脱硫实验。相关研究成果可为开发炼焦煤中有机硫脱除技术提供基本理论依据和实际指导。

安徽理工大学　教授　博士生导师

2017 年 3 月

前　言

　　煤中有机硫成分复杂且难以有效脱除,炼焦煤中含硫组分的大量存在将直接影响焦炭、钢铁等产品的产量和质量。开展稀缺炼焦煤资源提质利用的研究是缓解我国炼焦煤供需矛盾的重要途径。微波脱硫主要是基于微波的穿透性和微观靶向能量作用,以及不同介质具有吸收不同频率微波能的性质达到脱硫目的的一种脱硫方法。用微波辐照的方法不仅能脱硫,还能避免煤的特性变异。

　　含硫键在外加能量作用下发生断裂是微波脱硫的基础,脱除的关键是深入认知含硫组分在煤有机质中的赋存规律。迄今为止,微波技术在煤炭应用方面的研究大多集中于宏观脱硫率和除水干燥。煤炭燃前微波脱硫的机理尚存在不同的认识,这是此项技术进展缓慢的主要原因之一。还需要进一步探明煤中不同含硫组分与化学结构的断键条件和规律,探寻燃前脱硫的最佳实验条件并建立系统理论,是发展炼焦煤微波脱硫技术的趋势。

　　本书选取山西新峪炼焦煤作为研究对象,在分析有机硫赋存形式的基础上,筛选和合成了不同结构的硫醚/硫醇类模型化合物开展替代研究;利用矢量网络分析仪测定煤样及相关模型化合物的吸波特性,获知硫醚/硫醇类化合物的微波响应特征;开展微波辐照脱除煤中含硫组分的实验研究。期望本研究能够为微波技术在洁净煤领域节约能耗,有效脱除有机硫提供有益的参考。

　　由于笔者水平所限,本书粗陋和错误之处在所难免,不足之处,敬请广大读者批评指正。

作　者

2017 年 3 月

目　　录

1 绪 论

1.1 引言

能源与环境保护是国民经济和社会可持续发展的重要保证,我国是世界第一大产煤国,同时也是煤炭最大消耗国。我国的能源状况是富煤、贫油、少气。硫是煤炭中主要伴生元素之一,燃烧时排放出的硫氧化合物,会形成富集大量重金属的细微颗粒,是环境污染最突出的因素之一。在湿度较大的空气中,生成的 SO_2 可被 Mn 或 Fe_2O_3 等催化而转变成比其本身毒性更大的硫酸烟雾[1],对人和其他生物都具有很大危害性,此外,大气中 SO_2 还是酸雨的主要成分。我国煤炭储量 25% 以上的总含硫量超过 2%,且新开采煤矿中高硫、高灰等劣质煤含量正逐渐增多[2],烟煤型污染已成为我国大气污染的主要来源,因此,煤炭清洁生产对环境保护的重要性越来越受到各级政府和学术界的高度重视。

煤中硫的赋存形态主要有硫酸盐硫、硫化物硫、单质硫、有机硫等几种,硫的存在对其燃烧、炼焦、气化和储运等都十分有害,也限制了其进一步有效利用和转化。作为炼焦用煤还会直接影响炼焦精煤的品质,间接影响下游焦炭、合成气以及钢铁产品的质量和产量,因此,硫的含量是界定焦炭质量的重要指标之一。炼焦时,煤中无机硫如硫化铁、硫酸盐等可转化为含硫化合物残留在焦炭中;有机硫可转化为气态硫化物,与焦炭反应生成复杂的硫碳复合物而转入焦炭。煤中有 80%~85% 的硫会留存在焦炭中,成为生铁中硫的主要来源(约 78%)[3]。钢铁中硫的存在不仅可降低其机械性能,还会增大热脆性,一般情况下,焦炭的硫分每增加 0.1%,焦比就会升高 1.5% 左右,导致高炉的生产能力降低 2.0%~2.5%。

我国自 1993 年就成为全球最大的焦炭生产和出口国,2014 年焦炭产量已高达 4.8 亿 t[4],每年的煤炭消耗中,炼焦耗煤仅次于火力发电的用煤量。虽然我国煤炭资源丰富,但可用于炼焦的煤种贮量仅占煤炭资源总量的 27% 左右,且分布很不均衡[5]。作为冶炼用的重要煤种,优质的焦煤、肥煤资源更加稀缺,去除高灰、高硫、难分选、不能用于炼焦的部分,不足煤炭资源总量的 6% 和 3%[6],尤其是低灰低硫黏结性好的焦肥煤更为稀少。各种炼焦煤储量所占比例也极不协调,约有 20% 以上炼焦用煤硫分超过 2%,其中相当一部分虽属炼焦用煤,但因灰分或硫分过高,可选性差,精煤回收率又极低,从经济效益考虑不宜作为炼焦用煤,只能作为一般燃料使用。随着开采深度的延深,精煤硫分呈进一步增高趋势,埋深 600 m 以上炼焦煤仅占其总资源量的 23.3%[7]。炼焦煤的供需缺口将呈现逐年扩大趋势,从经济成本角度迫使许多焦化企业把目光转向高硫煤,但高硫煤的使用不仅增加高炉的硫负荷,同时迫于环境保护要求,对脱硫技术也提出更高要求,至今高硫炼焦煤由于硫含量较高而得不到有效的利用。因此,有效脱除炼焦煤中硫是充分利用和节约炼焦煤资源的关键。作为重要工业原料,炼焦煤资源的紧缺和价格不断的上涨,已成为阻碍我国焦化工业发展的主要因素之一,炼焦的能源消耗和环境支撑、发展形势与资源平衡的矛盾日益突出。

煤中的无机硫可借助物理分选方法来脱除,有机硫由于成分复杂、难于集中分离,已成为研究工作的重点和难点。一方面,有机硫是煤分子结构的一部分,以难脱除的杂环及交联结构存在;另一方面,如果采用剧烈反应的方法脱除,会改变其结构和形态。因此,脱除煤中有机硫已成为当务之急,控制硫污染是洁净煤技术的主题[8]。

目前,洁净煤技术的研究热点聚焦于微波技术,这是由于微波技术是一种很有前途的脱硫方法。从微波本身的选择性、强化性来讲,具有较强的学术价值和产业前景。但现阶段微波技术研究的频率主要集中在 2.45 GHz,其他波段微波对煤炭影响的研究还是空白[9],但脱硫率不是很高且主要集中于实验条件与脱硫效果的研究,有关煤炭介电性质的研究还不全面。脱硫所用的微波加热装置的规模还比较小,无法获得可工业化的参数,不能可靠评价其技术和经济可行性。另外,不同煤种对应不同的微波频率,需要探寻合适的技术与经济平衡点,寻找适合相关煤种的频段、处理量以及水分、硫分平衡点等。迄今为止,关于煤炭燃前微波脱硫的机理尚存在不同认识[10],还需要进一步探明煤中不同含硫组分与化学结构的断键条件和规律,煤中有机硫微波辐照脱除理论上也没有大的突破,这是微波脱硫技术进展缓慢的主要原因之一。在认清炼焦煤中含硫组分化学结构的基础上,研究有机硫含硫键断键机理,探寻燃前脱除煤中有机硫的最佳实验条件,建立脱硫的系统理论,是炼焦煤燃前脱硫技术的发展趋势。

基于以上分析,本书拟通过不同溶剂逐级抽提结合族组分分离的方法,分析高硫炼焦煤中有机硫在不同族组分的分布特征,根据硫分的赋存状态,研究化学活性较强的硫醚/硫醇类有机硫对微波的响应规律,探寻各种影响因素;分析微波非热效应对有机硫化合物结构性能的影响以及脱硫过程中的影响因素和脱除潜力,期望能够丰富洁净煤技术,为高有机硫炼焦煤实现有效脱硫提供有益的参考。

1.2　煤的化学结构和组成

现代煤化学理论认为煤是组成复杂的混合物,主体有机部分是相似结构单元以桥键连接的立体网状大分子,主体结构单元主要由缩合芳香环组成,外围有烷基侧链和官能团,桥键主要由次甲基、亚甲基和醚键等基团组成,煤中还有一些由非化学键结合的低分子化合物。煤的化学结构复杂、多样且不均一[11]。人们通过物理化学方法,结合分子力学、量子力学、分子动力学、分子图形学理论等将分子碎片按一定规则进行随机拼凑、组装、优化,运用计算机辅助分子设计出最接近现实情况的化学结构模型。煤的典型化学结构模型[12]有Given 模型、Wiser 模型和 Shinn 模型等,如图 1-1 所示。其中 Wiser 模型中有机硫主要由酚、硫酚、芳基醚、酮和含 O、N、S 的杂环结构构成。

不同煤质的煤结构差异很大,低煤化程度的煤中含有较多非芳香结构和含氧基团,具有芳香核比较小、结构无方向性、孔隙率和比表面积大等特点;中等煤化程度的烟煤中含有较少含氧基团和烷基侧链,具有结构单元间的平行定向程度高、芳香环上环状烷基多、分子间交联少、供氧能力强等特点;高煤化程度的煤中含有较多芳香碳与碳的交联,具有近似高度缩合的石墨化结构,表现出物理特性具有各向异性、化学特性具有明显的惰性等特点。

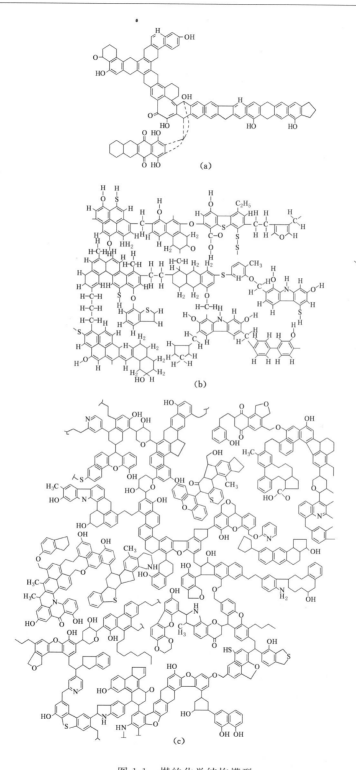

图 1-1 煤的化学结构模型

（a）Given 模型；（b）Wiser 模型；（c）Shinn 模型

国际能源署(International Energy Agency,IEA)认为煤的化学结构与反应特性是煤洁净高效转化过程最重要的理论依据,煤转化过程几乎都伴随着煤的组成与结构变化[13]。目前,煤化学结构和组成的研究方法主要集中在溶剂萃取、热解和模型化合物的建立等方面,在温和条件下从分子水平对煤进行分离、分析,确定煤的化学结构。溶剂抽提是对煤化学结构和组成研究的一种有效方法,用气相色谱—质谱联用仪(Gas Chromatography/Mass Spectrometry,GC/MS)、核磁共振波谱(Nuclear Magnetic Resonance Spectroscopy,NMR)、傅立叶变换红外光谱(Fourier Translation Infrared spectroscopy,FTIR)等方法对原煤、抽提物及抽余物进行分析研究,深入剖析煤分子的细节结构与外围活性基团,为煤分子模型提供可靠的数据参考,进而建立煤分子结构模型。但是,由于煤本身组成与结构很复杂,很难将其完全分离成单一化合物,利用任何一种单一的分析手段都很难对煤进行定性及定量分析。

集总方法是研究复杂反应体系的一种有效方法,就是利用物理和化学手段将复杂的多组分体系按照一定的化学共性及其动力学性质,分成若干个虚拟的组分,进而研究这些组分的性质,从而得到多组分体系的性质,此方法在重质油研究中已得到普遍采用[14]。

目前,由于对煤结构认识的局限性,如何准确描述煤结构中主要组分的结构在很大程度上取决于分析手段。虽然煤抽提物的组成与结构也相当复杂,但相对于煤来说要简单与容易得多,因此得到相当多的研究。秦志宏等[15]在不同溶剂连续抽提的基础上,提出利用化学族组成研究方法对煤进行分子水平研究,并建立了煤的族组分分离方法,这为煤的化学结构和反应性研究提供了一种可行途径。Maloletnev[16]根据结构相似性将煤按族组分进行分离,将其分成几种组成、性质相近的族组分,在对族组分进行结构鉴定前,先对族组分进行分子水平的分族研究,然后再对各个窄组分进行分析表征。这种方法对煤热解过程的研究已起到很大推动作用,并建立起煤的反应模型。此模型建立在化学族组成基础上,是从分子水平对煤进行认识和研究,预测准确性高且具有一定的普适性,将对煤的研究提高到一个新的水平。

1.3 煤中有机硫赋存形式的研究

煤炭在加工利用时要尽可能脱除其中的硫,硫的脱除是建立在对煤中硫的赋存特征深入了解的基础上,合理解释煤中硫的赋存形态一直是煤化学工作者们关注的焦点之一。大量的研究已证明煤中有机硫的赋存形式和结构,具有多样性和复杂性。其中硫醇类硫占含硫有机化合物的 3%~9%,二硫化物类占 6%~13%,脂肪类硫化物占 28%~37%,噻吩及其他芳香类硫化物占 7%~19%,噻吩结构硫是煤中大分子网络相中硫的主要存在形式,约占 70%,其余的主要是芳香基硫化物。

煤中的有机硫一般是以碳硫键的形式结合在煤的大分子骨架中,因此,对煤中有机硫的赋存状态可应用微区测试手段进行研究。随着现代分析技术的发展,对有机硫直接精确测定的仪器和计算分析模拟技术被逐步开发,并不断完善。微区分析主要有电子探针、电镜能谱等手段,Olivella 等[17,18]采用电子扫描显微探针检测发现有机硫在煤的空间分布相对较均匀;Nowicki 等[19-22]采用透射电镜与 X—射线能谱(Energy Dispersive Spectrometer,EDX)相结合的分析方法证明煤的不同微观结构和不同煤种中有机硫的分布并不均匀。就不同煤层而言,有机硫在不同显微组分中的含量也是不同的,并且各显微组分内的有机硫存在形态也是有差异的。Tseng 等[23]采用透射电镜对美国标准煤(Illinois No. 5)进行研究,发现镜质组中有机硫含量显著高于其他显微组分。屈争辉等[24]应用扫描电镜与 X—射线波谱(Scanning Electron Microscopy with Energy Dispersive X-ray, SEM-EDX)技术研究煤中有机硫,发现低有机硫煤($S_{o,d}<0.5\%$)中惰质组与镜质组的含量相近,惰质组略低于镜质组,孢子体和藻类体中含量远高于镜质组,当有机硫含量大于 0.5% 时,惰质组含量远低于镜质组,孢子体有机硫组分远高于镜质组。雷加锦等[25]用电子扫描电镜能谱研究贵州和安徽的煤质,结果表明角质体、孢子体和树皮体中有机硫含量高于基质镜质体,而基质镜质体的有机硫含量高于均质镜质体、丝质体和粗粒体。代世峰等[26]用带能谱和波谱的扫描电镜研究煤中有机硫,发现镜质组中,基质镜质体的有机硫含量最高,结构镜质体最小,均质镜质体居中,半丝质体大于丝质体而小于镜质体。王红冬[27]用 X—射线光电子能谱(X-ray Photoelectric Spectroscopy,XPS)测试煤中的有机硫,发现有机硫含量由高到低依次是基质镜质体、团块镜质体和均质镜质体。

由此可见,即使同一煤层的不同显微组分中有机硫的含量也存在较大的差异性,镜质组中基质镜质体具有最高的有机硫含量,壳质组的有机硫含量高于其他组分,小孢子体的有机硫含量最高。在低硫煤中,组分间有机硫分化小,在高硫煤特别是高有机硫煤中,有机硫组分间分化大,在丝质体、半丝质体和镜质体中,随着凝胶化程度的增强而增加。此外,各显微组分中有机硫存在形态也是有差异的,壳质组含有大量的硫砜、硫醚类含硫化合物,噻吩类含硫化合物较少,镜质组中硫砜、硫醚类与脂肪族类含硫化合物含量相当,惰质组中噻吩类与硫醚/硫醇类含硫化合物各占有机硫的一半[28]。

上述各种分析手段对有机硫赋存形式研究起到重要作用,但难以提供煤中有关有机硫分子结构的基本信息。Wang 等[29]采用 GC/MS 和气相色谱—氢焰检测器/火焰光度检测器(Gas Chromatography-Flame Ionization Detector/Flame Photometric Detector, GC-FID/FPD)等仪器从煤的萃取液中检测出不同种类的有机硫化合物,并分析得到一些基本结构信息。

采用有机溶剂萃取方式研究有机硫赋存形式,经常会遇到萃取时间较长、抽提率低以及溶剂萃取的选择性和煤中有机硫存在的复杂性等问题,使得检测结果具有一定的片面性,这在一定程度上制约了该手段的应用。因此,寻找有效分析有机硫化合物的方法引起了人们高度重视。Jorjani 等[30]采用热解—气相色谱(Thermogravimetry-Gas Chromatography,TG-GC)和常压程序升温还原—质谱法(Atmospheric Pressure Temperature Programmed Reaction-Mass Spectrum,AP-TPR-MS)等可分离的方法分析了煤中有机硫的赋存形式。Castro 等[31]选用煤的溶剂不溶组分即萃余煤作为反应物,在温和条件下进行加氢热解,再对热解产物进行分析,发现美国标准煤(Illinois No. 6)中有机硫化合物主要包括二甲亚砜、硫醇、苯硫酚、硫醚、噻吩和噻蒽等。

在对煤中有机硫赋存状态的研究中,有些分析仪器虽然能定量分析有机硫含量,但在测量过程中会伴随一些化学反应的发生,这就不能准确判断这些含硫物质是否本来就存在于原煤中。随着 XPS 和 X—射线近边结构(X-ray Absorption Near Edge Structure,XANES)等定量分析手段的应用[32,33],采用它们来定量分析煤中含硫官能团的技术应运而生。其中 XPS 方法的使用最多,最大的特点是将非破坏性技术应用于煤表面性质的定量测试[34-36]。李梅等[37]采用 XPS 研究证实了兖州煤显微组分中有机硫的存在,通过计算机拟合 XPS 的结果进一步证实硫砜、硫醚、噻吩等含硫化合物的存在。

以上各种分析煤中有机硫的手段,不论是非破坏性且无分离的技术(如 XPS、TEM 等),还是破坏性且有分离的技术(如 TG-GC 等),都不能准确提供煤中有机硫的分子结构信息,要揭示煤中有机硫化合物的分子结构必须利用非破坏性且可分离的方法。研究表明,煤中硫的化学形态与含量不同,在热解过程中逸出规律也不同,硫的逸出与煤基体系中基团大分子结构以及硫的赋存形态密切关联[38-40]。因此,从分子水平上认识煤及其有机硫化合物的组成和结构尤其重要。

1.4　煤炭的主要脱硫方法

煤炭脱硫技术按脱除时间可分为燃烧前脱硫、燃烧中脱硫和燃烧后脱硫三种形式。燃烧后脱硫又称烟气脱硫技术,是利用脱硫剂吸收烟气中的二氧化硫,形成稳定的含硫化合物。目前,工业化应用的脱硫剂种类很多,有钙基脱硫剂、镁基脱硫剂、钠基脱硫剂、合成氨脱硫剂等多种,其中钙基脱硫剂使用最为普遍。如果按脱硫过程是否加水和脱硫产物的干湿状况,又可分为湿法、干法和半干法三大类[41,42]。这类脱硫方法的特点是脱硫效果较好,脱硫率高达 90%[43],不足的是工艺复杂,脱硫剂利用率低,副产品难以处置,一次性投资运行费用较高。

燃烧中脱硫是指在煤炭燃烧过程中脱除硫分的方法,其基本原理是向燃煤炉中添加脱硫剂(石灰石、白云石等),使其与煤燃烧过程中产生的硫氧化合物反应,生成硫酸盐和亚硫酸盐而随灰分排出,以防止形成二氧化硫等空气污染物。燃烧中脱硫不足的是容易发生结渣、磨损和堵塞等问题,同时脱硫效率不高,因此目前尚未得到工业化应用。

燃烧前脱硫是指原煤在投入使用前,用物理、化学及微生物等方法,将煤中的含硫物质脱除,被认为是从源头上减少燃煤对大气污染的重要措施。燃烧前脱硫技术优点很多,可减少烟气中硫的含量,减轻对尾部烟道的腐蚀,降低运行和维护费用,成本仅相当于洗涤烟气脱硫的 1/10,还便于有效控制燃煤过程产生的 SO_2 和粉尘排放,减少灰渣处理量和锅炉的磨损,还可回收部分硫资源,是一种简单而又可行的有效方法。目前,煤的燃前脱硫方法有很多种,按照脱硫的基本原理又可分为物理脱硫法、化学脱硫法和生物脱硫法三类。

物理脱硫法是根据煤中硫与煤质物理性质和化学性质的不同,通过选煤将其与煤质体分离的过程。选煤脱硫的方法主要有重选、浮选、磁选、电选、油团选等。优点是工艺成熟简单,成本低,可脱除 90% 的黄铁矿硫[44];缺点是只能用于脱除煤中无机硫及少量的有机硫,无机硫的晶体结构、大小及分布还会影响脱硫效果且脱硫率不高。

化学脱硫法是利用外加试剂与含硫物质发生化学反应,将煤中含硫物质转变为不同的形态,再使之分离。化学脱硫法常常需要强酸、强碱、高温、高压等苛刻的反应条件,并需要将煤破碎,处理费用较高。可以脱除煤中黄铁矿硫和部分有机硫,但在脱除有机硫的过程中会对煤质造成影响,使得脱硫后的煤失去黏结性和膨胀性,从而降低了煤的热值,还会使炼焦煤的结焦性降低,甚至彻底破坏而不能炼焦,使煤的用途受到限制,并且过程能耗大、设备复杂,因此难以投入工业应用,目前仅限于实验室研究。

生物脱硫法是利用硫氧化细菌对黄铁矿或煤颗粒在矿浆中的选择性吸附,使黄铁矿与煤分离。国外对微生物脱除煤中硫的研究取得了一定进展,但由于脱硫反应时间长,稳定性差,还易形成二次污染,脱硫细菌生长缓慢且对温度要求敏感,较难得到大量菌体,实际操作不易控制,因此,难以实现大规模工业化脱硫,尚未达到实用阶段。

综上所述,各种脱硫方法均有一定的局限性,仅仅采用某种单一的脱硫方法难以实现在温和条件下有效脱除煤中有机硫,因此,研究将不同的脱硫方法结合起来,探索和开发高效、低廉、温和的新一代洁净煤脱硫技术十分必要。

1.5 微波的性质及加热原理

微波是指波长范围在 1 mm～1 m 之间,频率范围在 300 MHz～300 GHz 之间的电磁波,其中 0.915 GHz ± 0.013 GHz 和 2.45 GHz ± 0.05 GHz 是国际微波能协会(International Microwave Power Institute,IMPI)和美国联邦通信委员会(Federal Communications Commission,FCC)指定的可应用于工业、科研和医疗卫生等领域的两个微波频段,简称 ISM(Industrial Scientific Medical)频段[45]。应用这两种频段不需要许可证和费用,只需要遵守一定的发射功率,不对其他频段造成干扰即可。ISM 频段在各国的规定并不统一,其中 2.45 GHz 为各国共同的 ISM 频段,被合法应用于家用微波炉[46],而大型商用微波炉的加热频率以 0.915 GHz 居多。

微波是以微波光子照射和微波介电加热两种方式作用于物质。微波量子的能量在 $10^{-2} \sim 10^{-5}$ eV 之间,远小于化学键的键能(如 C—H 键和 C—C 键的键能分别为 4.51 eV 和 3.82 eV),甚至低于布朗运动所需的能量。因此,微波能不足以直接断裂化学键,根本无法通过自身的能量来引发反应的发生[47]。微波加热与传统加热在很多有机合成实验中会有不同的反应速率,许多在低温条件下不能进行的化学反应,在相同温度条件下经微波辐照可以进行;在相同温度下常规不能进行的化学反应在微波辐照下却能够发生。微波在化学反应中所产生的这些特殊现象,尤其是其非热效应是学术界争论的焦点之一。

微波由电场和磁场组成,具有电磁波的所有特性,可发生反射、透射、衍射、干涉、偏振,还伴随电磁波进行能量传输。微波对物质的加热过程与介质的介电响应密切相关,常见的介电响应主要有电子极化、原子极化、偶极子极化、界面极化和离子传导等五种形式。微波介电加热主要以偶极子极化与离子传导两种方式进行,这是在微波频率段能量转化最重要的机理,介质在微波场中的加热也大多通过这两种极化方式来实现[48]。离子传导机理是被加热体系内的各种带电粒子在微波辐照作用下振荡,与相近的微粒发生碰撞而产生热。

偶极极化机理是在微波的交变电场作用下,介质中的微观粒子(极性分子或偶极子)转变成一定取向的极化分子(见图 1-2),为了适应不断变化的电场,介质极化分子取向运动以每秒数十亿次的频率不断变化,分子间不断发生剧烈碰撞、运动和摩擦,使能量以热的形式被消耗,产生介电加热,进而产生大量热,以温度的形式表现出来。由麦克斯韦方程出发可推导出微波场对物质热效应的表达式:

$$P = 2\pi f \varepsilon'' E^2$$

(1-1)

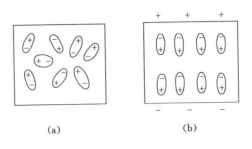

(a)　　　　　　　　　　(b)

图 1-2　电磁场中粒子的极化
(a)极化前;(b)呈一定取向排列的极化分子

式中　*P*——吸收功率;

　　　f——微波频率;

　　　ε''——物质的介电损耗;

　　　E——电场强度。

　　根据微波加热的原理,微波加热具有环境热损耗低、受热物料无惰性、高效,只对吸收微波的物料进行选择性无温度梯度加热、无环境污染等优点,符合工业上连续自动化加热生产的要求。微波加热在一定条件下既可加速化学反应的发生,也能抑制化学反应的进行,甚至可以改变反应途径[49]。物质在微波场中的加热特性取决于物质分子中的束缚电荷对外加电场的响应特性。微波对反应的作用程度,除了与反应类型有关外,还与微波的强度、频率、调制方式及环境条件等有关[50],但有些应用却很难用微波热效应进行机理解释。微波的非热效应通常是指微波与物体相互作用时产生不可归结于温度升高而引起的效应,是无法用热力学、动力学以及温度变化来解释加热效果,其机理有待进一步验证和分析。

1.6　微波技术在煤炭脱硫处理中的应用

　　微波辐照技术已经被广泛应用在温和条件下提高化学反应的速率[51],近年来在煤炭领域的研究和应用得到了广泛关注和重视,如微波加热煤使其高温热解、脱硫和液化等。微波辐照不仅有利于煤样的破碎与分裂,还可增加高灰煤的水煤浆流变性和煤的可磨性[52,53]。在有效地对细粉煤除湿的同时,不仅没有降低煤的热性质和焦化性质,而且还能部分脱除煤中硫、磷等有害元素[54]。

　　热效应支持者认为微波辐照有助于煤炭脱硫,其机理是微波选择性加热极性物质,引起反应体系迅速升温,从而使反应速度有较大幅度提高;非热效应支持者认为微波对极性物质的选择性加热,可降低指前因子和活化能;量子物理学观点认为微波辅助使物质分子吸收能量受到一定程度的激发,产生诸如电子自旋共振和分子转动、振动等微观效应使分子的化学活性增加,有利于反应的发生。

　　微波脱硫主要是基于微波的穿透性和微观靶向能量作用以及不同介质具有吸收不同频率微波能的物理性质[55],微波辐照能使煤炭的脱硫率达到 30%～40%,作为化学脱硫的辅助手段,硫的脱除率更是达到了 75% 以上[56]。国内外众多的学者对煤炭微波脱硫技术展开了多种形式的研究,但迄今为止,微波脱硫机理还一直存在争议。

1.6.1　煤炭微波脱硫的研究进展

微波辐照可以脱除煤中无机硫、有机硫,可分为微波辐照直接脱硫、微波辅助化学脱硫及微波辅助微生物脱硫。

1.6.1.1　微波辐照直接脱硫

利用微波具有选择性加热煤中黄铁矿的特性,在此频率范围不仅能脱除无机硫,还能避免煤的特性变异[57]。1978 年 Zavitsanos[58]获得了第一项微波辅助煤炭脱硫专利,即利用微波辐照产生的热效应,原煤经微波照射后,煤中的含硫物质受热分解,释放出 H_2S 和 SO_2 气体,能够脱除约 50% 的无机硫。1993 年 Weng 和 Wang 等[59]采用穆斯鲍尔光谱(Mossbauer Spectra)分析了原煤中黄铁矿硫经微波照射后形态的改变,微波辐照使煤中黄铁矿产生局部高温受热分解,转化成铁磁性磁黄铁矿 $Fe_{1-x}S(0<x\leqslant0.125)$ 和 FeS,可增强黄铁矿的磁性,有利于普通磁选机通过磁选脱除,从而达到脱除无机硫的目的。微波磁选脱硫方法简单易行且对煤的损害较小,但只适合以含黄铁矿为主的煤种。

1.6.1.2　微波辅助化学脱硫

煤微波辅助化学脱硫的原理是煤和外加试剂在微波电磁场作用下发生化学反应,生成可溶性硫化物,通过洗涤从煤中除去,此法对煤中无机硫和有机硫均具有脱除作用。杨絮[60]把干燥的原煤或将原煤用 HI 溶液浸渍后,通入氢气并经过微波辐照,使煤中的硫还原成挥发性的 H_2S 气体从而达到脱除的目的。此法对硫醇、硫醚和二硫化物的脱除很有效,但对噻吩类特别是二苯并噻吩及其衍生物的脱除效率较低。如果要深度加氢脱硫则需要高温、高压和更高活性的催化剂,这样会使投资成本增加、操作难度提高、催化剂的寿命减短。

萃取脱硫是利用有机溶剂分子与煤中含硫官能团之间的物理、化学作用,将煤中有机硫化合物萃取而脱除,此法对萃取溶剂的选择尤为重要。国内外学者从 20 世纪 90 年代开始对微波辐照有机溶剂萃取煤炭脱硫进行了研究,从 1994 年到 2008 年,文献中报道了 61 种通过萃取方式脱除的有机硫化合物,其中 42 种含噻吩结构,这可能是由于噻吩特殊的稳定性结构所致。罗道成和郭靖等[61,62]研究发现,超声波和微波联合四氯乙烯萃取原煤,可以有效脱除煤中的有机硫,但能耗及反应器尺度制约了该方法的大规模应用,同时由于使用了有机溶剂,成本高且易对环境产生副作用。

碱浸渍或酸洗脱硫的原理都是利用煤中的有机质、黄铁矿、水和碱对微波吸收能力的不同,产生极化效应,进行快速或某种程度的选择性加热,造成煤中局部高温,从而削弱煤中硫原子和其他原子之间的化学亲和力,促使煤中硫与浸提剂发生化学反应生成可溶性硫化物,在煤热解前的极短照射时间内,这些脱硫反应已经加速完成。微波辐照可强化酸碱脱硫、热解脱硫等化学脱硫过程。Xu 等[63]把原煤在惰性气氛下经过微波辐照,再用酸洗,97% 的无机硫得到脱除。Xia 等[64]将碱液与原煤混合,微波辐照后,再经水洗,大约有 97% 的黄铁矿硫和部分有机硫得到脱除。Mesroghli 和 Ozgur[65,66]等将粉煤用强碱性溶液(KOH 或 NaOH)浸润,再用微波辐照,可除去 95% 以上的黄铁矿硫和约 60% 的有机硫,达到比较理想的脱硫效果,而且煤的热值损失不大,但操作复杂,易造成煤的氧化。其中 NaOH 水溶液是比较理想的电解质体系,能够在不破坏煤结构的同时脱除煤中有机硫,还可降低煤的灰

分[67]。该法主要的反应如下:

$$噻吩 + NaOH \longrightarrow 呋喃 + Na_2S + H_2O$$

$$8FeS_2 + 30NaOH \longrightarrow 4Fe_2O_3 + 14Na_2S + Na_2S_2O_3 + 15H_2O$$

盛宇航[68]等以 NaOH 作为浸提剂,研究不同因素对煤炭微波脱硫效果的影响,结果证明微波辐照能够有效脱除煤中含硫成分,且煤的热值损失不大,是一种有效的脱硫方式。

根据所用氧化剂种类的不同,氧化脱硫法主要有 Mayers 法、过氧化氢—有机酸氧化法、$CaCl_2$ 氧化法、次氯酸钠氧化法、铜盐氧化法等。其中过氧化氢是一种无污染的强氧化剂(标准电位在 pH 为 1 和 14 时分别为 1.80 V 和 1.87 V),在酸性溶液中,产生的羟基自由基可将有机硫中的硫氧化为硫酸根,容易脱去传统加氢脱硫法难以脱除的噻吩类含硫化合物[69]。魏蕊娣[70]研究了将原煤通过微波照射后,用过氧乙酸进行酸洗的脱硫方法,可增加过氧乙酸的脱硫率,通过傅立叶红外光谱证明原煤中黄铁矿的结构发生了显著变化,而有机质未发生明显结构变化。韩玥[71]经过研究也认为在微波和超声波联合辐照下有利于提高煤炭的氧化脱硫效果。

1.6.1.3 微波辅助微生物脱硫

微波辅助微生物脱硫是煤炭经微波辐照后,不同的矿物组分由于其介电特性的不同而被不同程度地加热,同时,不同的矿物组分有着不同的热膨胀系数,导致不同矿物组分的界面间产生热应变,进而产生裂隙扩大了反应界面,能够为微生物的氧化浸出创造更为有利的条件,但主要脱除的是煤炭中无机硫[72,73],且结果的重复性差,很难进行经济效益评价。

1.6.2 煤炭介电特性的研究

微波脱硫是近年来研究增多、发展较快的一种脱硫方法,它不仅有效地脱除煤中的无机硫,对有机硫也有一定脱除作用。该法依据煤中各组分在一定频率的微波场中介电性质的差异,选择性吸收微波能,发生脱硫反应,从宏观上讲,煤质和微波能之间的相互作用可用下式表示:

$$P = 56.62 \times 10^{-12} fE^2 \varepsilon'' \tag{1-2}$$

式中　P——吸收功率;

　　　f——微波频率;

　　　E——电场强度;

　　　ε''——物质的介电损耗。

从上式可以看出,在给定的微波频率和微波场强条件下,煤质吸收功率与其介电损耗 ε'' 成正比,常温下,煤的介电常数为 2.0~4.0,煤的介电常数和损耗角正切值的大小主要由水分含量决定。对不同煤化程度煤的介电性质研究发现介电常数有较大差异性,中等变质程度烟煤的介电常数较小,低变质程度褐煤和高变质程度无烟煤的介电常数较大[74,75],煤的相对介电常数高于除硫铁矿以外的矿物质,黄铁矿的存在会增加煤的介电常数[76]。在同一测试频率下,无烟煤的介电常数是烟煤的 3 倍以上[77],不同结构类型烟煤的介电常数在同一频率条件下相差不大[78],不同矿区同一种不同煤体结构类型煤的介电常数相差很小[79]。徐龙君等[80]研究发现白皎无烟煤的介电常数与介质损失角正切值均随碳原子摩尔分数的升高而增大。徐宏武[81]采用并联谐振法对我国多处煤岩层介电性质参数进行研究,发现不同变质程度的煤岩层,在 1 MHz 和 160 MHz 频率处相对介电常数随温度的升高都有不同程度的减小,大部分煤和煤层围岩的相对介电常数随着测试频率的升高而减小,无烟煤和煤层围岩变化较大,烟煤变化较小,各种变质程度的煤及岩石,在低频段表现分散,在高频段趋于一致。冯秀梅等[82]研究发现无烟煤和烟煤均属于电阻型吸波材料,介电常数与煤的大分子结构相关,变质程度越大,自由电子数越多,活动性越强,常温下在 2~18 GHz 微波频率段,无烟煤的 ϵ'' 和 ϵ' 均大于烟煤。

1.7 量子化学计算方法在煤炭脱硫中的应用

量子化学是运用量子力学基本原理和方法在分子和电子水平讨论化学问题,是建立在价键理论、分子轨道理论和配位场理论基础之上,分为基础理论、计算方法和应用三方面,三者相辅相成。随着计算机技术在硬件和软件方面的发展,量子化学计算广泛应用于化学各领域,为分子的性质和分子间相互作用的研究提供大量信息,可深入了解一些从实验上难以观测的化学过程。量子化学计算已成为与实验技术相得益彰、相辅相成的重要手段。

量子化学计算方法在煤结构化学中的应用日益增多,逐渐成为揭示煤转化过程中复杂机理的重要研究手段。人们在对煤结构模型进行筛选的基础上,对煤的大分子结构模型从量子化学的角度进行计算,从分子轨道理论角度预见并解释煤结构和反应性之间的一些关系。

对于微波脱硫影响因素和微观机理的研究,目前的理论知识和实验方法都难以作出系统的解释,有效可行的方法是通过量子化学的模拟计算,从分子、原子和电子等微观粒子层面对模型化合物在外加电场作用下的脱除机理进行讨论。

Gaussian 程序包是一款功能强大的量子化学计算软件,广泛应用于计算机辅助科研。密度泛函理论(Density Functional Theory,DFT)应用在量子凝聚态物理和计算化学领域研究分子多电子体系结构,其理论基础是以电子密度作为多电子体系量化处理的基本参量,使之包含原子与分子基态性质的所有信息[83],成为量子化学方法中解决电子结构难题的有效工具,以其为基础的计算得到了广泛普及和认可[84,85]。

量子化计算已应用于复杂的煤化学计算中,对煤的化学结构、活性基团及其清洁生产与利用等方面进行了大量研究[86,87],特别是对煤中含硫化合物热解过程的理论分析获得了一定的成果[88,89]。黄充等[90]采用 DFT 方法,通过对噻吩热解过程中形成噻吩自由基的计算,可解释有机硫化合物中 C—S 键是热解引发键,热解最终产物是乙炔,硫与体系中活性氢自由基结合以 H_2S 的形式逸出。宋佳等[91]采用同样的方法在分子水平上研究煤中非噻吩型有机硫的热解机理,探讨煤的热解途径,解释 C—S 键同样是非噻吩型有机硫键热解的引发键,脱除产物以 H_2S 的形式逸出。这些研究成果对理解和设计与含硫键相关的化学反应具有重要意义,在一定程度上对煤的热解脱硫机理有了进一步清晰认识。

1.8 主要研究内容及技术路线

本书是在国家重点基础研究发展计划"低品质煤大规模提质利用的基础研究"(编号:

2012CB214900)基金资助下完成的。选取山西典型高有机硫炼焦煤作为研究对象,通过对其有机硫赋存形态的分析,筛选和合成硫醚/硫醇类模型化合物进行替代研究。结合量子化学计算分析,探讨炼焦煤和硫醚/硫醇类有机硫在微波场中的响应规律和影响因素,解析微波脱除机理。研究内容如下:

(1)炼焦煤中有机硫赋存形态的研究。采取 XPS 测试分析结合煤的族组分分离实验,探索运用非破坏性且可分离的方法解析新峪炼焦煤中含硫组分的赋存形态,实现分子水平认识煤及其有机硫化合物的组成和结构。

(2)筛选和合成不同结构的硫醚/硫醇类含硫模型化合物。筛选不同种类的硫醚/硫醇类含硫模型化合物,合成结构相似芳碳比不同的脂肪族硫醚、芳基硫醚以及较大相对分子质量的硫醇化合物,通过传输反射法测试分析模型化合物的电磁响应特性和变化规律。

(3)微波辐照非热效应对模型化合物结构特性的影响。利用 NMR、FT-IR、紫外光谱(Ultraviolet Spectrum,UV)、激光共聚焦显微拉曼光谱(Laser Confocal Micro-Raman,LCM-Raman)等表征手段,结合量子化学的理论计算解析微波非热效应对模型化合物分子微观结构的影响。

(4)开展煤样微波脱硫和预处理氧化脱硫探索性试验,考察微波辐照的功率、时间、温度等因素对脱硫的影响,解析微波辐照脱除硫醚/硫醇类有机硫的反应机理。

采用的具体技术路线如图 1-3 所示。

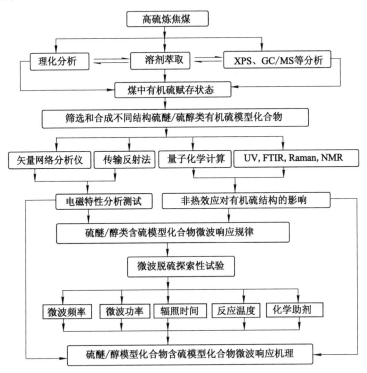

图 1-3　技术路线图

2　新峪炼焦煤中有机含硫组分赋存形态分析

2.1　引言

我国炼焦煤资源稀缺且分布不均,其中山西省的储量约为全国炼焦煤已查明资源总量的56%,占全国炼焦煤可采储量的1/2以上,在炼焦煤资源中具有一定的代表性。丰富的资源,使山西省的焦炭产量和外调量均居全国首位,成为国内重要的炼焦煤和焦炭生产基地。因此,系统地对山西炼焦煤中有机含硫组分赋存特征进行研究不仅有一定的科学意义,更具有重要的现实意义。

2.1.1　煤中硫的赋存状态

煤中有机硫定向脱除的关键是认识各种含硫组分、含硫化学结构与基团在煤有机质中的赋存状态和规律,认识煤的有机结构与含硫基团间的作用类型与作用规律,解析典型有机含硫组分的化学结构、含硫键和相关结构对不同形式外加能量的化学物理响应规律。

研究认为煤中的硫通常以有机硫和无机硫两种形式的状态存在,按照国家标准(GB/T 15224.2—2010)中的《煤炭质量分级 第2部分 硫分》,依据含硫量的多少可分为:低硫煤($S_{t,d}<1\%$),中硫煤($1\%<S_{t,d}<3\%$)和高硫煤($S_{t,d}\geqslant3\%$)[92]。有机硫是煤中一系列含硫有机官能团的总称,是煤有机质组成的一部分。主要来源于成煤植物细胞中的蛋白质,即成煤植物本身的含硫化合物在成煤过程中经过各种物理、化学、生物和地质等因素共同作用而形成于煤中[93]。煤中的有机硫占总硫含量的30%～50%[94]。一般来说,煤中有机硫的含量大约为每100～300个C原子对应含有1个S原子,高硫煤的这一比例则为约每50个C原子对应含有1个S原子[95]。煤中有机硫至今还没有找到价廉、温和而有效的脱除方法。因此,分析表征煤中硫的重点是其有机硫的成分分析,包括有机硫的存在形式、含量和化学结构,研究有机硫脱除效果的意义更重要。

有机硫赋存于煤的有机分子结构中,赋存形式主要是硫醇、硫醚和噻吩三种[96]。煤中有机硫含量检测常用的方法是依据一些国家标准[如美国材料与试验协会(American Society for Testing and Materials,ASTM)和中国的国家标准]规定的方法,总硫含量减去硫酸盐和黄铁矿硫的含量,间接得到有机硫的含量。黄铁矿硫的含量是由测定煤样的硝酸洗液中铁的量而得到的。如果硝酸本身含有铁离子或黄铁矿和硝酸反应不完全,将对有机硫的测定产生较大的误差。目前检测到的无机硫主要有$CaSO_4 \cdot 2H_2O$,$BaSO_4$,$FeSO_4 \cdot H_2O$,$FeSO_4 \cdot 4H_2O$,$FeSO_4 \cdot Fe_2(SO_4)_3 \cdot 14H_2O$,$(Na,K)Fe_3(SO_4)_2(OH)_6$,$FeSO_4 \cdot 7H_2O$,$Fe_2(SO_4)_3 \cdot 9H_2O$,$FeAl_2(SO_4)_4 \cdot 22H_2O$,$ZnS$,$PbS$,$CuFeS_2$以及$FeS_2 \cdot FeAs_2$等含硫化合物[97]。而煤中有机分子结构相当复杂,目前对煤中有机硫赋存的研究主要集中在含硫官能团的辨识以及在利用过程中硫的化学变迁。李梅等利用程序升温法研究发现在褐煤中以脂肪族硫醇、芳香族硫醇和硫醚为主,烟煤中主要以多种不同芳构化程度的噻吩为主[98]。吴文忠等认为除了受成煤时期沉积环境的影响外,还很可能是因为由脂肪硫、硫醇等低分子、不稳定的有机硫和黄铁矿等降解产生的硫化氢与有机质反应生成噻吩硫[99]。

2.1.2　煤中硫赋存的研究方法

由于组成结构复杂及受分析测试方法的限制,煤中有机硫的赋存及脱除一直是研究的重点和难点。煤中有机硫结构和性质的研究主要有两种途径:一是通过有机溶剂抽提煤中有机硫成分,利用高分辨率 GC/MS 技术研究萃取液中有机硫的结构和性质;二是运用电子探针(Electron Probe Micro-analyzer,EPMA)以及 SEM 等微区分析技术分析硫在煤的有机显微组分中的分布特征。但由于以上测量过程中伴随有化学反应的发生,因此不能准确确定这些物质是否本来就存在于原煤中。而且这些方法不能有效地对有机硫进行定量分析。在各种研究手段中,XPS 是一种研究含硫固体物质中硫形态的非破坏性表面定量测试方法,具有测定迅速、对煤结构无损伤等优点,因而在煤质研究领域得到了广泛应用。

X—射线光电能谱的原理是具有一定能量的入射光子同样品中的原子相互作用时,单个光子把它的全部能量给原子中某壳层上的一个受束缚的电子,这个电子把一部分能量用来克服结合能,余下的就作为它的动能而发射出去,成为光电子,即光电效应。在XPS 分析中,由于采用的 X—射线激发源的能量较高,不仅可以激发出原子价轨道中的价电子,还可以激发出芯能级上的内层轨道电子,其出射光电子的能量仅与入射光子的能量及原子轨道结合能有关。因此,对于特定的单色激发源和特定的原子轨道,其光电子的能量是特征的。当固定激发源能量时,其光电子的能量仅与元素的种类和所电离激发的原子轨道有关。当原子的 K 壳电子被击出之后,由较近壳层电子跃入 K 壳层填补空穴,L 壳层的 $2p$ 填补的同时,产生特征 X—射线,称之为 K 系射线,即 KA 射线。各种元素都有它的特征电子结合能,在能谱图中就出现其特征谱线。因此,可以根据光电子的结合能定性分析物质的元素种类。同时 XPS 可以判别不同化学环境的同种原子,并借此测定出其相对含量。譬如硫的 $2p$ 电子结合能在 164.12 eV 就和有机硫有关,含有噻吩、含硫苯系物都可能在 164.12 eV 处出峰。对于煤来讲,情况就要复杂得多,由于存在无机硫,如黄铁矿硫及其他无机硫物质的干扰,使得用 XPS 判定煤中有机硫存在形态时,带来诸多困难,使测定的结果具有一定的人为因素。譬如硫的 $2p$ 电子结合能范围大致在162.0~171.8 eV 之间。代世峰等根据硫的 $2p$ 轨道结合能,通过对鄂尔多斯煤的分析研究,认为无机硫的结合能特征峰大于 169.1 eV,砜类硫的特征峰范围在 167.1~168.1 eV,亚砜类硫的特征峰范围在 165.1~166.1 eV,噻吩类硫的特征峰范围在 164.0~164.4 eV,硫醇/硫酚类硫的特征峰在 162.2~163.2 eV 之间[100]。陈鹏等应用此方法研究了煤炭脱硫过程中有机硫的存在形态,通过含硫化合物中硫的 $2p$ 轨道电子结合能(见表 2-1),估算出常见有机硫的出峰位置[101]。

表 2-1   常见含硫有机物的 2p 结合能

2p 结合能/eV	有机硫类型	2p 结合能/eV	有机硫类型
161.8	多苯环含硫化合物	164.0	含硫化合物联苯
162.1	含硫醇苯系化合物	164.1	噻吩
162.5	苯甲基硫化物	164.2	含硫醇的苯系化合物
162.6	R—SH，硫醇	164.4	噻吩
162.8	硫醇，硫醚	165.8	二苯氧硫
163.0	硫醇，硫醚	166.0	硫氧化物
163.5	Ph—S—R	166.7	R—S—R，R—S—CH$_3$
163.7	Ph—S—CH$_3$—SH，多环苯硫化物	167.1	亚砜
163.8	二硫醚	167.5	Ph—S—O—O—CH$_3$

煤中有机硫结构的获取可通过溶剂萃取的方式，此法是应用于煤化学结构研究的有效方法之一，也是实现煤可溶化的主要工艺手段之一，在重质油研究中已被普遍采用。孙林兵等[102]选用煤的溶剂不溶组分（萃余煤）作为反应物，在温和条件下进行加氢热解，通过对热解产物进行分析，获知 inois NO.6 煤中主要的有机硫化合物包括二甲亚砜、硫醇、苯硫酚、硫醚、噻吩和噻蒽等。随着煤级的增高，噻吩类化合物越来越富集，变质程度较高的煤绝大部分有机硫属噻吩结构，褐煤中硫化物含量虽占主导地位，但噻吩结构仍占有较大比例[103]。从 1994 年到 2008 年，文献中报道了 61 种有机硫化物，其中 42 种含噻吩结构，这与噻吩结构的稳定性是密切相关的[104]（见表 2-2）。

表 2-2   不同研究者从煤萃取液中检测到的有机硫化合物

二硫代碳酸-O, S-二甲酯 C$_3$H$_6$OS$_2$	2-二硫代碳酸-S, S-二甲酯 C$_3$H$_6$OS$_2$	1-甲基-联胺二硫代羧酸甲酯 C$_3$H$_8$N$_2$S$_2$	2-氨基苯硫醇 C$_6$H$_7$NS
噻克索酮 C$_7$H$_4$O$_3$S	苯并噻唑 C$_7$H$_5$NS	异噻氰基苯 C$_7$H$_5$NS	2-巯基苯并噻唑 C$_7$H$_5$NS$_2$
5-乙氨基噻唑基嘧啶 C$_7$H$_8$N$_4$S	苯并噻吩 C$_8$H$_6$S	苯乙硫醚 C$_8$H$_{10}$S	2-甲硫醚基-苯甲酸甲酯 C$_9$H$_{10}$O$_2$S
4-氧基-2-甲基-1-甲硫基苯 C$_9$H$_{12}$OS	4-甲氧基-2-甲基-1-甲硫基苯 C$_9$H$_{12}$OS	2,6-二氯苯氨基-4-氨基噻嗪 C$_{10}$H$_{10}$N$_2$S	2-甲基-4-叔丁基苯硫酚 C$_{11}$H$_{16}$S
二苯并噻吩 C$_{12}$H$_8$S	对二硝基苯硫醚 C$_{12}$H$_8$N$_2$O$_4$S	甲苯唾嗪 C$_{12}$H$_{16}$N$_2$S	5-[5-噻吩基-2-噻吩]噻吩甲醛 C$_{13}$H$_8$OS$_3$
甲基二苯并噻吩 C$_{13}$H$_{10}$S	1-甲基二苯并噻吩 C$_{13}$H$_{10}$S	3-甲基二苯并噻吩 C$_{13}$H$_{10}$S	4-甲基二苯并噻吩 C$_{13}$H$_{10}$S
菲并[4,5-bcd]噻吩 C$_{14}$H$_8$S	二苯并[c,e]硫杂䓬 C$_{14}$H$_{10}$S	硫代异氰酸对甲基苯硫酚酯 C$_{14}$H$_{11}$NS$_2$	4,6-二甲二苯并噻吩 C$_{14}$H$_{12}$S
2,6-二甲基二苯并噻吩 C$_{14}$H$_{12}$S	3,6-二甲基二苯并噻吩 C$_{14}$H$_{12}$S	3,8-二甲基二苯并噻吩 C$_{14}$H$_{12}$S	2,8-二甲基二苯并噻吩 C$_{14}$H$_{12}$S

C_2-甲基二苯并噻吩 $C_{14}H_{12}S$	C_2-二甲基二苯并噻吩（2 种同分异构体）$C_{14}H_{12}S$	C_1-菲并噻吩 $C_{14}H_{10}S$	C_3-三甲基二苯并噻吩 $C_{15}H_{14}S$
C_3-二甲基二苯并噻吩（3 种同分异构体）$C_{15}H_{14}S$	苯并［b］萘并［2,1-d］噻吩 $C_{16}H_{10}S$	苯并［b］萘并［2,3-d］噻吩 $C_{16}H_{10}S$	2-硫氢基苯萘基硫醚 $C_{16}H_{10}S_2$
C_2-菲并［4,5-bcd］噻吩 $C_{16}H_{12}S$	甲基苯并萘并噻吩 $C_{17}H_{12}S$	甲基苯并［b］萘并［2,1-d］噻吩 $C_{17}H_{12}S$	7-甲基苯并［b］萘并［2,1-d］噻吩 $C_{17}H_{12}S$
6-甲基苯并［b］萘并［2,3-d］噻吩 $C_{17}H_{12}S$	7-甲基苯并［b］萘并［2,3-d］噻吩 $C_{17}H_{12}S$	8-甲基苯并［b］萘并［2,1-d］噻吩 $C_{17}H_{12}S$	8-甲基苯并［b］萘并［2,3-d］噻吩 $C_{17}H_{12}S$
苯并［1,2-b；5,4-b-双［1］苯并噻吩 $C_{18}H_{10}S_2$	C_2-苯并萘并噻吩/C_2-菲并噻吩 $C_{18}H_{14}S$	6,8-二甲基苯并［b］萘并［2,3-d］噻吩 $C_{18}H_{14}S$	7,8-二甲基苯并［b］萘并［2,3-d］噻吩 $C_{18}H_{14}S$
C_3-苯并萘并噻吩/C_2-菲并噻吩 $C_{19}H_{16}S$	二萘并［1,2-b；1',2'-d］噻吩 $C_{20}H_{12}S$	4-甲基-5-十三烷基-2-噻吩羧酸甲酯 $C_{20}H_{34}O_2S$	苯并二萘［2,1-二］噻吩
苯并二萘［2,1-di］噻吩	苯并二苯并噻吩	C_1-苯并二苯并噻吩	C_2-苯并二苯并噻吩

相关研究表明煤中可抽提噻吩硫总量不取决于煤中的全硫含量，而只与煤的变质程度有关[105]，随着碳含量的增加呈现逐渐减低的趋势；随着挥发分和 O 与 C 物质的量比的升高，可抽提噻吩硫的含量增加；说明通过温和热解结合分级萃取的方法能够有效地从分子水平上揭示煤中硫的赋存形态。

一般认为煤的溶剂萃取是通过具有授受电子能力的溶剂，将煤中小分子相释放出来。通过逐级萃取，对不同溶剂中可溶物、不溶物进行分析，深入剖析煤分子的细节结构及外围活性基团，一方面可为煤分子模拟提供可靠的数据参考[106]，并对煤中硫和氮等有害成分进行有效的控制，最终实现煤的定向转化；另一方面萃取物中小分子的含量在一定程度上代表了煤的反应性强弱。秦志宏等[107]在不同溶剂连续抽提的基础上，利用化学族组分的方法实现了对煤的结构和反应性进行分子水平的研究，并在煤热解过程的研究中起到了很大的推动作用。

基于以上论述，为减少分析工作的复杂性，我们选取山西新峪炼焦用煤（XYJM）作为研究对象，先对原煤和精煤进行煤质分析，探究煤中有机硫赋存形式，采用溶剂萃取和族组分分离相结合的方法，将萃取物按化学组成的相似性进行分离，结合 XPS、FTIR、GC/MS 和 SEM 等分析手段，对煤中小分子有机硫和族组分中有机硫的赋存形态进行研究。期望能为研究煤炭微波脱硫过程中有机硫形态、分布的影响和迁移转化规律提供基础依据。

2.2 实验部分

2.2.1 实验仪器与设备

本章所使用的主要实验仪器与设备见表 2-3。

表 2-3	实验仪器与设备	
名　称	型　号	厂　家
全自动定硫仪	SDS601	湖南长沙三德科技股份有限公司
气相色谱—质谱联用仪	250QP5050A	日本岛津公司
扫描电子显微镜	S—3000	日本日立公司
傅立叶变换红外光谱仪	VECTOR33	德国布鲁克公司
自动工业分析仪	WS—G410	长沙瑞祥科技有限公司
超声仪	KQ5200DE	上海昆山仪器有限公司
元素分析仪	LECO—TRUSE	美国力可公司
X—射线光电能谱仪	Thermo ESCALAB	美国 Thermo—VG Scientific

2.2.2 煤样的制备

选取山西新峪炼焦用煤,经破碎、筛分(过 200 目筛),混合、缩分,自然烘干后储存于干燥器中备用,使用前于 100 ℃真空干燥 2 h。

2.2.3 测试分析条件

2.2.3.1 煤质分析

各种形态硫分析:硫酸盐硫、硫化物硫和有机硫是煤中硫的三种主要形态,按 GB/T 215—2003《煤中各种形态硫的测定方法》的规定测定煤样中无机硫含量,利用 SDS—601 型微机库仑定硫仪测试全硫含量,有机硫含量通过式(2-1)差减法计算得到:

$$S_{o,d} = S_{t,d} - S_{p,d} - S_{s,d} \qquad (2-1)$$

式中　$S_{o,d}$——空干基有机硫含量,%;

$S_{t,d}$——空干基全硫含量,%;

$S_{s,d}$——空干基硫酸盐硫含量,%;

$S_{p,d}$——空干基硫化铁硫含量,%。

元素分析:煤样利用 WS—G410 全自动工业分析仪分别在 105 ℃、815 ℃和 920 ℃测定水分、灰分和挥发分。Elementar Vario EL Cube 元素分析仪在 950 ℃测定样品中的 C、H、N 含量,微机库仑定硫仪测定全硫含量,差减法计算煤中 O 的含量。

2.2.3.2 XPS 测试

煤样的 XPS 测试在中国科学技术大学理化测试中心使用 Thermo ESCALAB 250 型 X—射线光电子能谱仪分析完成,激发源单色 Al Kα($h\nu = 1\ 486.6$ eV),功率 150 W,X—射线束斑 $500\ \mu m$,通过能量 30 eV,结合能值以 C1s(284.6 eV)为内标进行校正。试压力为 2×10^{-6} Pa,本底压力为 5×10^{-8} Pa,步长为 0.5。根据表 2-1 常见含硫有机物的 $2p$ 结合能结合模型化合物的 XPS 测试结果,使用 XPS PEAK4.1 分峰软件进行分峰拟合,具体步骤如下:导入测试数据形成谱图后,点击 Backgrond,选择 Boundary 的默认值,Type 选择 Shirley 类型,High BE 选择 170 eV,Low BE 选择 160 eV 扣除背景。具体分峰拟合参数设置如下:在 Peak Type 处选择 P 峰类型,按照硫形态不同结合能不同的原则,在 Position 处选择合理峰位依次添加峰值。加峰顺序按结合能由低到高,固定峰的位置,半峰宽自动调整,L 与 G 之比设为 80%,选好所需拟合峰的个数及大致参数,多次点击 Optimise All,直至拟合后的总峰与原始峰重合良好,拟合谱图以 .dat 文件输出,在 Origin 软件中进一步进行修改完善。在 XPS 谱图中纵坐标代表电子计数,横坐标为电子结合能 (Binding Energy,B. E.)。根据官能团结合能位置解析硫的形态,各种类型硫的含量之比用对应各分峰面积之比表示。

2.2.3.3 FTIR 测试

以光谱纯 KBr 为载体,光谱范围为波数 $400\sim4\,000\ cm^{-1}$,分辨率为 $4.0\ cm^{-1}$。

2.2.3.4 SEM 测试

煤样用 Au 作表面涂层喷射后,在 20 kV 加速电压下扫描,以 1 500 的倍数从荧光屏上观察煤表面形态的图像并拍照。

2.2.3.5 脱硫率的计算

按下式计算脱硫率:

$$\eta=\left(1-\frac{m_1 s_1}{m_2 s_2}\right)\times100\% \tag{2-2}$$

式中　　η——脱硫率,%;

　　　　m_1——脱硫后煤样质量,g;

　　　　s_1——脱硫后煤样中硫含量,%;

　　　　m_2——脱硫前煤样质量,g;

　　　　s_2——脱硫前煤样中硫含量,%。

2.3　新峪炼焦煤中有机硫赋存形态的研究

2.3.1　新峪炼焦原煤的煤质分析

取干燥后新峪炼焦原煤进行煤质分析和工业分析,所得成分分析和元素分析数据见表 2-4 和表 2-5。

表 2-4　　　　　　　　　　　　新峪原煤的工业分析

$M_{daf}/\%$	$A_{daf}/\%$	$V_{daf}/\%$	$FC_{daf}/\%$
1.03	27.82	18.60	52.55

表 2-5　　　　　　　　　　　　新峪原煤的元素分析及形态硫分布

$C_{daf}/\%$	$H_{daf}/\%$	$O_{daf}/\%$	$N_{daf}/\%$	$S_{daf}/\%$	$S_{s,d}/\%$	$S_{p,d}/\%$	$S_{o,d}/\%$
88.14	4.26	3.20	1.72	2.68	~0.00	0.97	1.71

由表 2-5 可知,新峪炼焦原煤中硫的存在形式主要是有机硫($S_{o,d}$)和无机硫,无机硫中的硫酸盐硫成分很少,基本以黄铁矿硫($S_{p,d}$)的形式赋存。结合表 2-4 的结果可知,新峪炼焦原煤属于高灰、中等挥发分和中等硫分含量的烟煤。

2.3.2 新峪炼焦原煤中有机硫赋存形态的分析

取干燥后新峪炼焦原煤进行 XPS 测试,分峰拟合得到图 2-1,各分峰分别标记为 P01、P02、P03,P01、P02、P03 的峰面积比即可认为是各自对应的有机硫含量之比。其中 P01 对应硫醚/硫醇类硫,P02 对应噻吩类硫,P03 对应(亚)砜类硫(见表 2-6)。

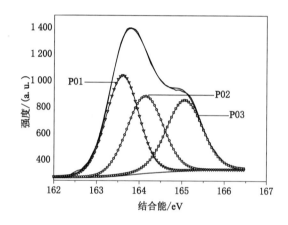

图 2-1 新峪原煤的 XPS 谱图

表 2-6 　　　　　　　　　　　　　　　新峪原煤中的各种有机形态硫

特征峰	$2p$ 结合能/eV	峰面积比/%	有机硫类型
P01	163.65	36.85	硫醚/硫醇类
P02	164.12	32.31	噻吩类
P03	165.05	30.84	(亚)砜类

煤中有机硫的形态结构与煤变质程度的变迁呈连续递变性,变质程度越高,结构稳定的噻吩类有机硫成分越多。由图 2-1 和表 2-6 可知,新峪炼焦原煤中有机硫主要以硫醚/硫醇类、噻吩类、(亚)砜类形式存在,且各种类型有机硫含量相当。

炼焦煤主要用于制备焦炭,对原料的灰分和硫分要求比较严格。如今在我国和世界其他国家,炼焦煤几乎全部需要分选。由煤质分析结果可知,新峪炼焦原煤属于高灰煤,必须经过分选才能用于焦化。因此,有必要对新峪炼焦精煤的有机硫赋存形态进行分析。

2.3.3 新峪炼焦精煤的煤质分析

选取山西焦煤集团新峪选煤厂入选后的炼焦精煤,按与原煤同样的处理方法进行各种煤质分析,所得分析数据见表 2-7 和表 2-8。

表 2-7	新峪精煤的工业分析		
$M_{daf}/\%$	$A_{daf}/\%$	$V_{daf}/\%$	$FC_{daf}/\%$
0.69	10.13	22.81	66.37

表 2-8		新峪精煤的元素分析及形态硫分布					
$C_{daf}/\%$	$H_{daf}/\%$	$O_{daf}/\%$	$N_{daf}/\%$	$S_{t,d}/\%$	$S_{s,d}/\%$	$S_{p,d}/\%$	$S_{o,d}/\%$
89.15	4.56	2.27	1.72	2.30	~0.00	0.27	2.01

由表 2-8 可知,新峪炼焦精煤中硫的存在形式主要是 $S_{o,d}$ 和 $S_{p,d}$,其中 $S_{o,d}$ 高于原煤,$S_{p,d}$ 低于原煤。与表 2-5 的分析数据对比可知,原煤通过分选后,大约脱除了 64% 的灰分和 72% 的无机硫,固定碳含量也大幅度增加,提高了炼焦煤的质量。因此,选煤可有效脱除原煤中的无机硫。

2.3.4 新峪炼焦精煤中有机硫赋存形态的分析

取干燥后的新峪炼焦精煤进行 XPS 测试,经分峰拟合得到图 2-2,各分峰分别标记为 P1、P2、P3,其中 P1 对应硫醚/硫醇类硫,P2 对应噻吩类硫,P3 对应(亚)砜类硫(见表 2-9)。

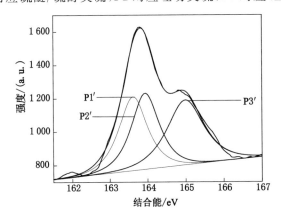

图 2-2　新峪精煤的 XPS 谱图

表 2-9	新峪精煤中的各种有机形态硫		
特征峰	$2p$ 结合能/eV	峰面积比/%	有机硫类型
P1	163.65	33.34	硫醚/硫醇类
P2	164.12	34.68	噻吩类
P3	165.05	31.98	(亚)砜类

由表 2-9 可知,新峪炼焦精煤噻吩类有机硫含量略高于原煤,约占有机硫总量的 34.68%,硫醚/硫醇类有机硫比原煤有所降低。因此,选煤不仅可有效脱除煤中无机硫,还可脱除煤中少量的硫醚/硫醇类有机硫。

2.3.5 新峪炼焦原煤无机硫脱除后有机硫赋存形态的分析

为了消除煤中无机硫的影响,在 XPS 测试前选择酸洗的方法对煤样中的无机硫加以脱除。具体步骤如下:取干燥后新峪炼焦原煤 6 g,加入 1∶6 的稀硝酸 180 mL 和 10 mL 无水乙醇,缓慢搅拌反应 24 h,抽滤并用蒸馏水洗涤至滤液中性,80 ℃真空干燥 10 h,分别取酸洗前后的煤样进行红外光谱检测,谱图见图 2-3,图中 A 为原煤,B 为酸洗法脱除无机硫后煤样。

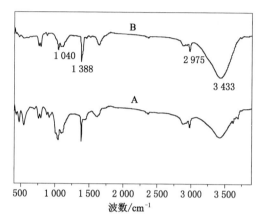

图 2-3　新峪原煤脱除无机硫前后的红外光谱图

由图 2-3 可知,原煤在 546 cm^{-1} 附近有归属于矿物质中 Si—O 键的弯曲振动吸收峰[108]和有机硫部分含硫键(芳香族二硫醚、—SH 或—S—S—)的伸缩振动吸收峰[109],脱除无机硫后,此处矿物质和含硫键的吸收峰明显减弱,同时在 1 040 cm^{-1} 处醚、酚、酯、醇中的 C—O 吸收峰也略有减弱,而 3 433 cm^{-1} 处羟基的吸收有所增强,说明硝酸除了和黄铁矿等无机矿物质以及部分硫醚/硫醇类有机硫发生反应外,还氧化了煤的有机质,使其含氧量增大。

取脱除无机硫后干燥的煤样进行 XPS 测试,由于无机硫已基本脱除,仅对有机硫部分进行分峰拟合得到图 2-4。

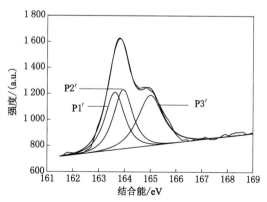

图 2-4　新峪炼焦原煤脱除无机硫后的 XPS 谱图

图 2-4 中 P1′对应硫醚/硫醇类硫,P2′对应噻吩类硫,P3′对应(亚)砜类硫。由图 2-4 的 XPS 测试结果可知新峪炼焦原煤脱除无机硫后各种不同形态硫的结合能数值(见表 2-10),酸洗后煤样中硫的 $2p$ 结合能大于 167 eV,对应于无机硫的峰面积很小,说明无机硫已基本脱除。

表 2-10　　　　　　　　　　新峪原煤脱除无机硫后各种有机形态硫

特征峰	$2p$ 结合能/eV	峰面积比/%	有机硫类型
P1′	163.52	33.54	硫醚/硫醇类
P2′	164.01	35.23	噻吩类
P3′	165.01	31.23	(亚)砜类

由表 2-10 可知,对比酸洗前后煤样中各有机硫含量的分析,硫醚/硫醇类有机硫含量由酸洗前的 36.85% 降低到 33.54%,噻吩类和(亚)砜类有机硫含量变化不大。可见酸洗法能够有效脱除原煤中无机硫,同时也脱除少部分硫醚/硫醇类有机硫,但由于硝酸很强的腐蚀性和耗时较长,此法难以大规模推广。

2.4　新峪炼焦原煤中小分子有机硫赋存结构的研究

2.4.1　溶剂萃取脱除有机硫

有机溶剂萃取是洁净煤技术和研究煤炭组成结构的有效方法之一,萃取液中不仅可获得大量的小分子有机化合物[110],而且萃取得到的无灰煤,还可以通过混配的方法能够把无黏结性的廉价煤用于炼焦,可作为拓展炼焦煤资源的重要途径之一。

取 5 g 左右干燥后的新峪原煤样于 100 mL 圆底烧瓶中,加入 50 mL 萃取剂 CS_2,盖紧后置于功率 200 W、频率 40 kHz 的超声振荡器中,利用自制改良系统控制体系最高温度不超过 26 ℃,萃取 1 h 后,砂芯漏斗抽滤,萃取液常压下旋转蒸馏回收 CS_2 供循环使用。按上述步骤反复萃取 3 次。萃余物再用 50 mL 丙酮洗涤 2 次,室温真空干燥 2 h,留少量进行 XPS 分析,其余部分继续用 CH_2Cl_2 和 $CH_3CH_2CH_2OH$ 按和 CS_2 同样的萃取方法进行萃取,分别得到 3 种溶剂的萃取液。萃余煤于 100 ℃真空干燥 2 h 后,进行 XPS 和 FTIR 测试。

2.4.2　不同溶剂对有机硫的选择性萃取

取新峪原煤及溶剂 CS_2、CH_2Cl_2 和 $CH_3CH_2CH_2OH$ 萃取后的萃余煤进行红外检测得红外谱图(见图 2-5),图中 A 为原煤,B 为溶剂 CS_2 的萃余煤,C 为溶剂 CH_2Cl_2 的萃余煤,D 为溶剂 $CH_3CH_2CH_2OH$ 的萃余煤。

红外光谱可以提供大量物质特征官能团的信息,已被广泛应用于煤及其衍生物的结构分析。由图 2-5 可推测出原煤中的主要有机成分是芳香烃(Ar—H,750~820 cm^{-1})和饱和烷烃(R—H,1 387 cm^{-1},1 052 cm^{-1},2 850~3 000 cm^{-1}),同时还含有大量氢键化的—OH 与—NH$_2$ 基团(3 200~3 500 cm^{-1})。在超声辅助下,几种溶剂萃取后的煤样,除了 2 850~3 000 cm^{-1} 处脂肪族结构中—CH$_3$ 和—CH$_2$—的吸收峰强度无明显变化外,所有抽提残煤

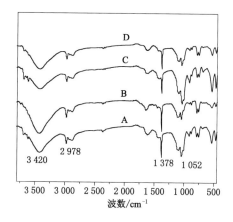

图 2-5　新峪原煤及其萃余煤的红外光谱图

在 3 450 cm^{-1} 附近的羟基吸收峰都有所增强,且峰形变窄,这可能是由于经过分级抽提后,煤的大分子结构发生了一定的改变,导致缔合的羟基基团较多的缘故[111]。

取新峪原煤及溶剂 CS_2、CH_2Cl_2 和 $CH_3CH_2CH_2OH$ 的萃余煤进行 XPS 检测,经分峰拟合得图 2-6。各种有机硫分峰归属及相对含量见表 2-11。

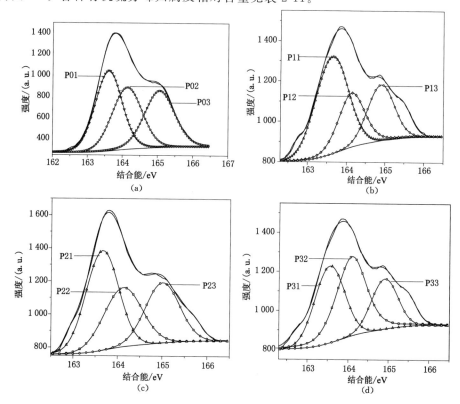

图 2-6　新峪炼焦原煤及抽提残煤的 XPS 谱图

(a)原煤;(b)溶剂 CS_2 的萃余煤;(c)溶剂 CH_2Cl_2 的萃余煤;

(d)溶剂 $CH_3CH_2CH_2OH$ 的萃余煤

表 2-11		新峪原煤不同溶剂萃取前后各种有机形态硫及相对含量		
煤样	特征峰	$2p$ 结合能/eV	峰面积比/%	有机硫类型
原煤	P01	163.65	36.85	硫醚/硫醇类
	P02	164.12	32.31	噻吩类
	P03	165.05	30.84	(亚)砜类
二硫化碳萃余煤	P11	163.67	53.82 ↑	硫醚/硫醇类
	P12	164.12	19.56	噻吩类
	P13	164.95	26.62	(亚)砜类
二氯甲烷萃余煤	P21	163.62	51.08	硫醚/硫醇类
	P22	164.13	24.86 ↑	噻吩类
	P23	164.89	24.06	(亚)砜类
丙醇萃余煤	P31	163.64	35.75	硫醚/硫醇类
	P32	164.08	43.45 ↑	噻吩类
	P33	164.90	20.80	(亚)砜类

研究者普遍认为煤有机质是由相对分子质量较小的活动相和三维交联的大分子刚性相所组成,不溶于常见有机溶剂的刚性相是煤的主体部分,其中嵌布着大量可被不同溶剂萃取的中型和小分子型活动相组分。在不破坏共价键的条件下,活动相除了被围于大分子网络结构之中成为难溶组分外,其余部分能够被大多数有机溶剂所溶解。根据相似相溶原理,不同极性的物质对相应极性的物质溶解性较大。由于 XPS 是一种纳米级表面元素分析测试方法(只能检测距煤表面 $2 \sim 5$ nm 深度的范围),连续萃取使煤样表面的可溶组分进入溶剂,从而使 XPS 的测试结果更加全面准确。根据拟合结果并计算(忽略了少量除硫醚/硫醇类、噻吩类及(亚)砜类硫以外的其他成分有机硫),可得到不同溶剂萃取前后各种有机硫分峰归属及相对含量(表2-11)。新峪原煤经不同极性的有机溶剂萃取后,各萃余煤中有机硫的赋存形态虽然还是以硫醚/硫醇类硫、噻吩类硫、(亚)砜类硫为主,但各相应峰面积占总面积的比值变化较大,其中 CS_2、CH_2Cl_2 和 $CH_3CH_2CH_2OH$ 萃取后硫醚/硫醇类含量由原煤样的 36.85% 分别改变为 53.82%、51.08% 和 35.75%;噻吩类含量由原煤样的 32.31% 分别改变为 19.56%、24.86% 和 43.45%;(亚)砜类含量由原煤样的 30.84% 分别改变为 26.62%、24.06% 和20.80%。即非极性的 CS_2 萃取后可使煤样中的噻吩类硫比例大幅减少,中等极性的 CH_2Cl_2 萃取后对煤样中各形态硫含量的影响区别不大,强极性的 $CH_3CH_2CH_2OH$ 萃取后可使煤样中的硫醚/硫醇类硫比例大幅减少。由此可见,不同极性的有机溶剂可选择性萃取煤中不同种类的小分子有机硫。

2.4.3 萃取液中小分子有机硫赋存形态的分析

GC/MS 等现代分析技术的应用使从分子水平研究溶剂萃取物的组成及结构成为可能,Nishioka[112] 利用溶剂萃取联合 GC/MS 分析研究了不同煤中小分子化合物的结构。通过对以上各萃取液进行 GC/MS 分析,按 NIST107 谱库化合物质谱数据进行计算机检索鉴定化合物,根据置信度或相似度确定化合物的结构。因此揭示煤中有机硫化合物的分子结构必须利用非破坏性且可分离的方法(如萃余煤的 XPS 分析结合萃取液的 GC/MS)[113,114]。中国矿业大学秦志宏教授等通过对新峪煤不同有机溶剂提取液的 GC/MS 检测[115](见图 2-7),共发现 11 种含硫小分子化合物,其中绝大部分是噻吩类有机硫,从另一角度也证明了噻吩硫的稳定性。可见新峪原煤中有机硫主要以大分子交联结构的形式存在于萃余煤中,以小分子结构形式存在的部分很少。

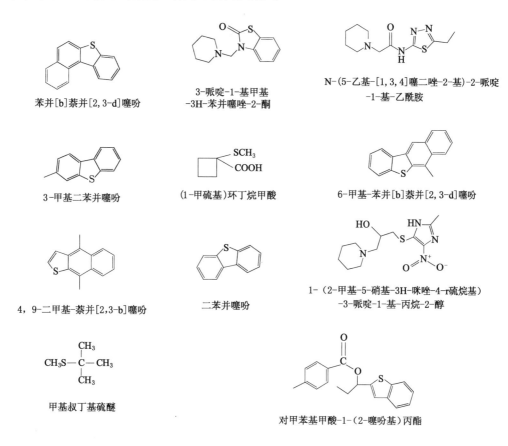

苯并[b]萘并[2,3-d]噻吩

3-哌啶-1-基甲基
-3H-苯并噻唑-2-酮

N-(5-乙基-[1,3,4]噻二唑-2-基)-2-哌啶
-1-基-乙酰胺

3-甲基二苯并噻吩

(1-甲硫基)环丁烷甲酸

6-甲基-苯并[b]萘并[2,3-d]噻吩

4,9-二甲基-萘并[2,3-b]噻吩

二苯并噻吩

1-(2-甲基-5-硝基-3H-咪唑-4-r硫烷基)
-3-哌啶-1-基-丙烷-2-醇

甲基叔丁基硫醚

对甲苯基甲酸-1-(2-噻吩基)丙酯

图 2-7　煤样萃取物中检测到的有机硫化物

2.5　新峪炼焦精煤族组分中有机硫赋存形态的研究

2.5.1　新峪炼焦精煤的分级萃取

有机硫是煤有机质结构的组成部分,为解析煤中有机硫的分布及化学与物理赋存,首先必须对煤整体结构有一个清楚的认识。在不破坏共价键的条件下,溶剂的萃取率越高,越能反映煤的真实结构。不同的煤样在有机溶剂中的溶解性能差异较大,同时每种溶剂的可溶成分也有所不同[116,117]。鉴于目前常用的有机溶剂大多对煤抽提率不高且一般只适用于少数煤种,在分析不同溶剂对新峪炼焦煤萃取能力的基础上,确定了温和条件下对煤有较高抽

提率的溶剂体系进行下一步分级萃取。

溶解度参数(δc)是物质分子间作用力的一种量度,可粗略估计不同溶剂对煤的溶解能力,是高溶解性溶剂选择的重要依据之一。溶剂对煤的萃取率基本遵循煤与溶剂的 δc 越接近,萃取率则越高的"相似相溶"规律。新峪炼焦精煤的 C_{daf} 为 89.15%,对应的溶解度参数约为 45 J/cm^3,乙二胺的 δc 约为 46 J/cm^3,与煤的 δc 比较接近(见表 2-12)[118]。同时乙二胺分子中的氮,丙酮和环己酮分子中羰基上的氧,都能与煤中羟基、羧基中的氢形成氢键,从而有效削弱或打破小分子相与煤网络结构晶簇间的氢键,破坏煤的物理结构,增大溶解性。

表 2-12 溶剂的有关性质

名 称	沸点/℃	pH 值	溶解度参数/(J/cm^3)
丙 酮	56.1	7.0	40.2
乙二胺	117.0	10.0	46.0
环己酮	155.7	8.0	40.5

在理论分析和大量实验的基础上,选用乙二胺/丙酮混合溶剂和环己酮进行新峪炼焦精煤的逐级抽提研究,并对抽提物和抽余物进行含硫量测试,探索有机硫在煤各族组分中的赋存特征。具体步骤如下:

2.5.1.1 乙二胺/丙酮混合溶剂加热抽提

称取 10 g 干燥的新峪精煤煤样放入 250 mL 圆底烧瓶内,加入 100 mL 乙二胺/丙酮(1:1 V/V)混合溶剂,接上冷凝装置,水浴温度设定为 70 ℃,搅拌抽提 3 h,抽滤。萃余物重复抽提 2 次。萃取液减压蒸馏,直到余下的物质几乎没有流动性,于 100 ℃真空干燥至恒重。

2.5.1.2 溶剂环己酮索氏抽提

上述抽提残煤用 150 mL 环己酮进行索氏抽提至抽出液近无色,萃取液旋转蒸发近干。萃余煤用 100 mL 丙酮洗涤 2 次,再于 100 ℃真空干燥 2 h。

2.5.1.3 煤样和萃余煤的 SEM 分析

SEM 图像能够直接反映样品表面的实际空间信息,新峪精煤和各级抽提后萃余煤的电镜扫描谱图见图 2-8。图 2-8(a)显示原煤的表面微观形貌孔隙较小,间隙不明显,结构致密;图 2-8(b)显示丙酮/乙二胺抽提后的萃余煤表面松散、凹凸不平,出现一些不规则孔隙;图 2-8(c)显示环己酮抽提后的萃余煤表面孔洞和断裂较多,破坏较明显,这是在溶剂逐级抽提过程中,以非共价键形式分散于煤有机质大分子网络间的中型和小分子游离态化合物大量溶解所致。说明经过分级萃取后,煤样中小分子物质能够有效地溶于溶剂中。

由于较强极性的丙酮很容易溶解煤分子中较强极性的小分子有机物,同时丙酮及环己酮中的羰基氧以及乙二胺分子中的氮可与煤大分子结构中易供氢的羟基等形成氢键,削弱了煤分子自身间的非共价键作用力,使含有这些基团的一些小分子物质易于转移到溶剂中;

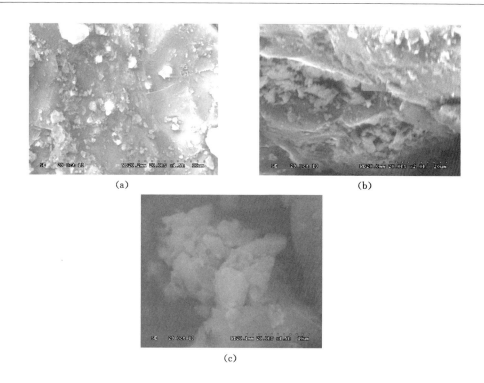

(a)

(b)

(c)

图 2-8　新峪精煤和各级抽提后萃余煤的 SEM 图

（a）原煤；（b）丙酮/乙二胺抽提后萃余煤；（c）环己酮抽提后萃余煤

丙酮与乙二胺反应生成 N,N-(1-羟基-1-甲基乙基)-1,2-乙二胺：

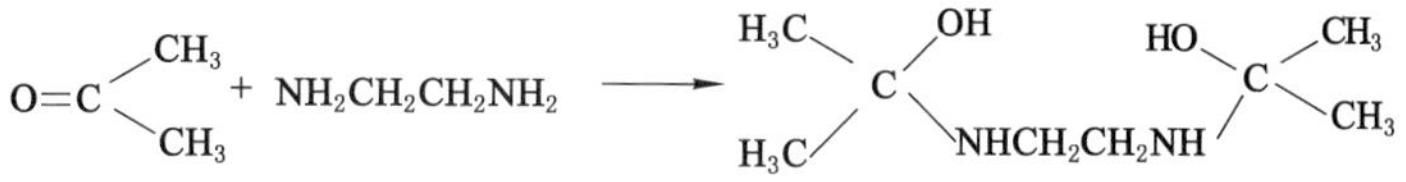

它既是氢键的提供体，又是氢键的接受体，可促使更多的煤分子被萃取出来。经过丙酮/乙二胺和环己酮体系分级萃取后，新峪精煤的萃取率高达 52%，使煤样中大分子组分与小分子及中型分子组分达到有效的分离。

2.5.2　新峪炼焦精煤族组分分离

合并两次抽提物加入硅胶柱中依次用正己烷、甲苯和四氢呋喃溶剂洗脱，分离得到正己烷可溶物—油组分、正己烷不溶而甲苯可溶物—沥青烯组分、甲苯不溶而四氢呋喃可溶物—前沥青烯组分、四氢呋喃不溶物—重质沥青烯组分四个组分（见图 2-9）。经减压蒸馏并烘干后进行红外表征（见图 2-10），并测定各族组分中硫的含量。

图 2-10 的红外谱图显示，前沥青烯、沥青烯有着相似的组成结构，在 1 600 cm^{-1} 附近有明显的吸收

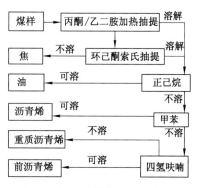

图 2-9　新峪精煤族组分分离流程

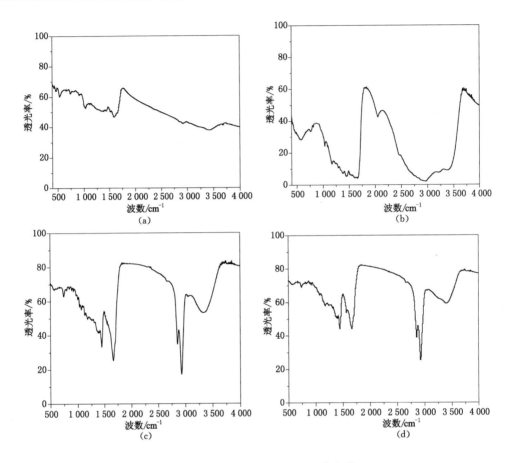

图 2-10　新峪精煤各族组分的红外光谱
(a) 油组分；(b) 重质沥青烯组分；(c) 前沥青烯组分；(d) 沥青烯组分

峰，表明新峪煤样的抽出物中含有较多的芳香结构成分；沥青烯、前沥青烯以及重质前沥青烯在 1 400 cm^{-1}、2 940 cm^{-1} 附近出现强度较大的烷基 C—H 键伸缩振动吸收峰，说明抽出物中含较多的烷基脂肪族结构；重质沥青烯组分在 3 400 cm^{-1} 附近还观察到归属于自缔合的羟基、羟基与醚键缔合的吸收峰。可见丙酮/乙二胺、环己酮分级萃取对煤中的芳香结构和烷基结构组分均有较强的抽提能力，是一种温和条件下有效分离新峪炼焦煤的方法。

2.5.3　新峪炼焦精煤各族组分中有机硫赋存形态的分析

根据各族组分含硫量测定结果(见表 2-13)，结合萃余煤 XPS 谱图(见图 2-11)分峰拟合分析数据(见表 2-14)可知：有机硫在煤样各族组分中的含量按沥青烯组分＞萃余煤组分＞前沥青烯组分＞油质组分＞重质沥青烯组分的规律降低，根据萃取前煤样及萃余煤中有机硫的总量计算，可知约 70％的有机硫存在于萃余煤中。由于溶剂萃取在本质上属于物理作用，不能破坏其以化学键交联形式形成的空间网络状结构单元，溶出物的相对分子质量较低。结合萃取液中小分子有机硫主要以噻吩类硫形式存在的检测结果，可知煤样中硫醚/硫醇类有机硫主要以大分子交联的结构赋存于萃余煤中。

表 2-13   新峪精煤及各族组分中有机硫分布

族组分	产率/%	$S_{o,d}$/%
精焦煤	—	2.01
萃余煤	48.09	2.75
油	17.36	0.32
沥青质	17.55	3.02
前沥青质	9.13	0.87
重质沥青质	7.87	0.23

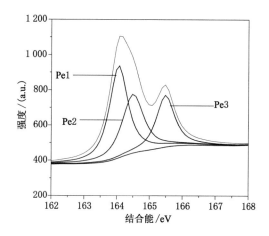

图 2-11　新峪精煤萃余煤的 XPS 谱图

表 2-14   新峪精煤的萃余煤中各种形态硫

特征峰	$2p$ 结合能/eV	峰面积比/%	有机硫类型
Pe1	163.93	40.46	硫醚/硫醇
Pe2	164.36	32.34	噻吩
Pe3	165.48	27.16	（亚）砜

2.6　本章小结

（1）由 XPS 测试结果结合族组分分离实验数据，可知新峪炼焦原煤中无机硫主要以黄铁矿硫的形式赋存；有机硫主要以噻吩类、硫醚/硫醇类和（亚）砜类形式赋存，且各种类型有机硫含量相当。煤样中硫醚/硫醇类有机硫主要以大分子交联的结构赋存于萃余煤中。原煤通过分选后无机硫大幅减少，近 90% 的硫以有机硫的形式赋存。

（2）有机硫在新峪炼焦精煤各族组分中的含量按沥青烯组分＞萃余煤组分＞前沥青烯组分＞油质组分＞重质沥青烯组分的规律赋存，以小分子和中型分子存在于萃取物族组分中的有机硫主要是噻吩类硫。

3 硫醚/硫醇类化合物的合成与表征

3.1 引言

有机硫存在于结构复杂的煤有机体系中,其研究必须建立在对煤化学结构和组成研究的基础之上。要解决煤炭利用的化学问题,必须从分子水平认识煤的组成和结构,研究分子在不同条件下的化学变化及反应行为。由于煤本身组成结构具有复杂性、多样性的特征,能够参与化学反应的分子种类较多,含硫模型化合物的替代研究是一种把复杂反应体系简单化的有效途径。

煤的现代分子结构理论认为,煤的主要结构单元是化学特性相对比较稳定的杂环芳核和缩合芳核,通过醚键及亚甲基键等活性基团将这些结构单元相互连接在一起。在芳核的周围有多重烷烃及含氧、氮、硫官能团;煤中的有机硫化合物与地质体中的其他含硫有机质一样,组成受沉积环境与母质来源、煤化程度等多重因素的影响[119],其中煤化程度反映了煤变质作用的范围和强度。芳香度是表征煤化学结构的重要参数之一,多用芳碳率表示,即煤分子结构单元中芳香碳原子数与总碳原子数之比,芳碳原子百分率随芳香度的增大而增大。随着煤化程度的加深,芳香碳和总碳含量均增大,杂原子含量降低。低煤化程度的煤含有较多非芳香结构含氧基团,芳香核心较小,除化学交联发达外,分子内和分子间的氢键作用力对其也有重要影响;中等煤化程度的烟煤含氧基团的烷基侧链减少,结构单元间的平行定向程度有所提高,这种煤的许多性质在煤化程度中处于转折点;高煤化程度的煤则向高度缩合的石墨化结构发展[120]。由于硫与氧一样,都属于二价原子,故其性质和种类与氧相似,包括硫醇、硫醚、二硫醚、噻吩、硫醌等。这些基团的种类与含量在不同煤种中分布不均,且对煤的性质影响极大。当煤发生化学反应时,首先反应的应该是煤分子结构中的活性基团。因此,可以将煤有关反应机理的研究重点放在煤分子中相关活性基团发生的反应。根据煤的分子结构理论与化学反应特性选择合适的模型化合物,是研究工作的基础。在煤的各种脱硫过程中硫的迁移机理都极其复杂,所以很多研究者采用模型化合物进行硫迁移行为的研究,这为深入了解煤中的硫在转化过程中的变迁规律奠定了一定的基础。含硫模型化合物一般分为:脂肪类含硫模型化合物、芳香类含硫模型化合物、噻吩类含硫模型化合物。利用模型化合物模拟煤分子,可对微波辐照条件下各含硫基团的反应特性等进行系统地研究,进而推导出其反应机理,并通过实验进行验证。

综上所述,为了研究含硫键对微波的响应规律及影响因素,本章合成一系列硫醚/硫醇类含硫模型化合物,并选用样品用量少、无破坏性且灵敏性高的红外光谱、核磁共振波谱进行表征,分析合成物质的结构。

3.2 实验部分

3.2.1 实验仪器与设备

本章所使用的主要实验仪器与设备见表 3-1。

表 3-1 实验仪器与设备

名　　称	型　　号	厂　　家
傅立叶变换红外光谱仪	PERK—ELMER—983	德国布鲁克公司
真空干燥箱	WS—G410	上海精宏实验设备有限公司
旋转蒸发仪	R—201	上海申顺生物科技有限公司
紫外灯	UV—9600	深圳市凯铭杰仪器设备有限公司
核磁共振仪	Agilent—400MHz	美国 Agilent 公司

3.2.2 测试分析条件

化学试剂与原料使用前均未做特殊处理,所有反应都是在无特殊保护条件下进行的,反应进程由自制的薄层硅胶色谱板(Thin Layer Chromatography,TLC)跟踪检测,紫外灯和碘熏显色,柱层析以乙酸乙酯和石油醚混合溶剂作为洗脱剂。

氢谱和碳谱的测定,以四甲基硅烷(TMS)为内标,CDCl$_3$ 和 DMSO—d$_6$ 为溶剂。化合物谱峰的多样性分别以 m(多重峰)、t(三重峰)、d(二重峰)、s(单峰)标记。

3.3 硫醚/硫醇类化合物的合成

对于煤和石油等化石类能源脱硫的研究,目前文献报道较多的是针对难以脱除的噻吩类硫。而在各种类型的有机硫中,键能小、理论上最容易脱除的是硫醚/硫醇类硫,因此本课题主要关注在新峪炼焦煤有机硫组分中含量较大的硫醚/硫醇类硫,选择性合成此类有机硫作为微波脱硫研究的模型化合物。

借鉴煤的热解脱硫机理,在不加助剂的情况下,从微波热效应的角度分析煤微波脱硫应该是 C—S 键的热断裂过程,S 以自由基的形式与煤中的活性氢或氧结合,转化成硫化氢或二氧化硫等小分子形式迁出。因此,研究煤及相关模型化合物的微波响应,需提供合适的活性氢源或氧源,模型化合物结构中必须含有能够提供活泼氢(氧)的基团。由于单环芳香化合物的均裂能可以用来预测类似结构的多环芳香化合物的均裂能,其误差在 4.2 kJ/mol 之内[121],综合后续量子化学计算的简单化、硫醇类物质在空气中易氧化成硫醚类硫以及介电测试对样品的物性要求等因素,本章合成了较大相对分子质量的硫醇和不同芳香度含活性甲基(或亚甲基)氢源和羰基氧源,次甲基为桥键无缩合芳香环,相对分子质量适中,键能较小的二羰基硫醚类和 β-硫代酮类化合物,通过改变芳碳比模拟不同煤化程度炼焦煤中的硫醚/硫醇类组分,开展 C—S 键微波响应规律的替代研究。在参考文献的基础上[122-124],共合成了三大类 10 种含硫模型化合物。

3.3.1 硫醇类化合物的合成

硫醇类化合物共合成了 1 种单-(6-巯基)-β-环糊精,分两步进行,合成路线见图 3-1。

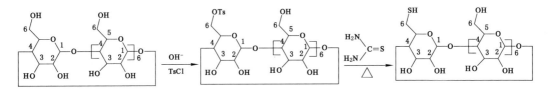

图 3-1　单-(6-巯基)-β-CD 的合成路线

3.3.1.1 单 6-氧-对甲苯磺酰-β-环糊精酯的合成

称取 15 g β-环糊精(β-CD),加入 120 mL 自制的蒸馏水中,磁力搅拌下滴加溶有 1.65 g NaOH 的水溶液 7.5 mL,滴完后继续搅拌 20 min,冰水浴条件下缓慢滴加溶解 4.0 g(21 mmol)对甲苯磺酰氯的乙腈溶液,继续冰浴搅拌反应 5 h,抽滤除去不溶物,滤液用盐酸调节 pH 值至 5~6,于冰箱静置过夜,抽滤得固体粗产品,用蒸馏水重结晶 2 次,50 ℃真空干燥 24 h。

3.3.1.2 单-(6-巯基)-β-环糊精的合成

称取 4.4 g 硫脲和 4.0 g 单 6-氧-对甲苯磺酰-β-环糊精酯,加入 200 mL 混合溶剂(水：甲醇＝20∶80),磁力搅拌下加热回流 72 h,减压蒸出溶剂后,残留物加入 60 mL 甲醇搅拌 1.5 h 后再浸泡 24 h,抽滤得白色固体。将其溶解于 140 mL 10%的 NaOH 溶液,恒温 50 ℃搅拌 5 h,用 10%的 HCl 溶液调节 pH≈2,加入 10 mL 三氯乙烯,搅拌 24 h,抽滤得白色固体粗产品,蒸馏水重结晶 2 次,在 50 ℃条件下真空干燥 24 h 即得产品。

3.3.2 二羰基硫醚类化合物的合成

二羰基硫醚类化合物共合成了 4 种,合成路线见图 3-2。

$$R_1SH + CH_3-\overset{O}{\overset{\|}{C}}-CH-\overset{O}{\overset{\|}{C}}-CH_3 + R_2CHO \longrightarrow \begin{array}{c} CH_3-\overset{O}{\overset{\|}{C}}-CH-\overset{O}{\overset{\|}{C}}-CH_3 \\ | \\ CH \\ R_1S \diagdown R_2 \end{array}$$

图 3-2　二羰基硫醚类化合物的合成路线

在圆底烧瓶中依次加入 10 mmol 十二硫醇(R_1)、10 mmol 苯甲醛(R_2)、20 mmol 乙酰丙酮、2 mmol 醋酸铵、60 mL 水,加热回流反应 18 h,反应结束后,冷却至室温,用乙酸乙酯萃取,合并有机相并用无水硫酸钠干燥,过滤除去干燥剂,合并后的萃取液减压旋干,固体粗产物无水乙醇重结晶并用硅胶层析板检测纯度即得产品。改变 R_1、R_2 基团的结构共合成 4 种模型化合物,合成的模型化合物种类见表 3-2。

表 3-2 二羰基硫醚类化合物的种类

序号	名　称	R_1	R_2
1	3-[(丙基)(十二烷硫基)甲基]戊烷-2,4-二酮	$C_{12}H_{25}$—	$CH_3CH_2CH_2$—
2	3-[(苯基)(十二烷硫基)甲基]戊烷-2,4-二酮	$C_{12}H_{25}$—	Ph—
3	3-[(苯基)(苄硫基)甲基]戊烷-2,4-二酮	$PhCH_2$—	Ph—
4	3-[(苯基)(对甲苯硫基)甲基]戊烷-2,4-二酮	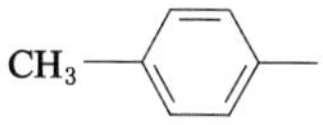 CH_3—⬡—⬡—	Ph—

3.3.3 *β*-硫代酮类化合物的合成

β-硫代酮类化合物共合成了 5 种,合成路线见图 3-3。

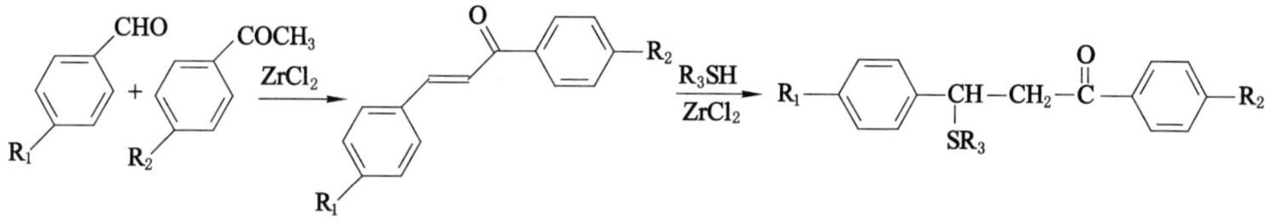

图 3-3 *β*-硫代酮类化合物的合成路线

在圆底烧瓶中依次加入 10.0 mmol 醛(R_1)、10.0 mmol 酮(R_2)、0.2 mmol 氯化锆,在无(或少量二氯甲烷)溶剂条件下,室温磁力搅拌反应一定时间,TLC 跟踪检测,反应结束后,用乙酸乙酯萃取,合并萃取液,经减压旋转蒸干后,加入 15.0 mmol 十二硫醇(R_3)和 0.25 mmol 氯化锆,在无(或少量二氯甲烷)溶剂条件下,继续室温磁力搅拌反应 1 h,用乙酸乙酯萃取,合并有机相,无水硫酸钠干燥后,过滤除去干燥剂,减压旋转蒸干后,固体粗产物沉淀下来用硅胶层析柱分离即得产品。改变不同的 R_1、R_2、R_3 基团可合成 5 种模型化合物,合成的模型化合物种类见表 3-3。

表 3-3 *β*-硫代酮类化合物的合成

序号	合成化合物	R_1	R_2	R_3
1	1,3-二苯基-3-(十二烷硫基)丙烷-1-酮	H	H	$C_{12}H_{25}$—
2	3-苯基-1-对联苯基-3-(十二烷硫基)丙烷-1-酮	H	Ph	$C_{12}H_{25}$—
3	1,3-二苯基-3-(对甲苯硫基)丙烷-1-酮	H	H	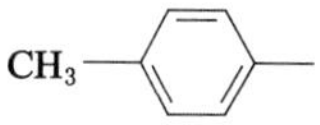 CH_3—⬡—⬡—
4	1-苯基-3-(4-苄氧基苯基)-3-(对甲苯硫基)丙烷-1-酮	$PhCH_2O$	H	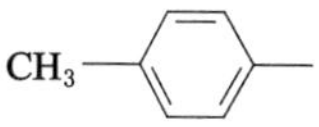 CH_3—⬡—⬡—
5	1-对联苯基-3-(4-苄氧基苯基)-3-(对甲苯硫基)丙烷-1-酮	$PhCH_2O$	Ph	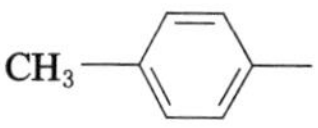 CH_3—⬡—⬡—

3.4 硫醚/硫醇类化合物的表征与分析

表征有机化合物结构常用的方法有：UV、IR、NMR 及 MS 等。除 MS 外，都是建立在不同波长电磁波与有机物相互作用的基础之上的，具有试样用量少、不破坏样品结构、分析数据可靠等优点，可定性地推断分子结构，鉴别分子中所含有的基团。

3.4.1 硫醇类化合物的表征与分析

硫醇类模型化合物合成了 1 种单-(6-巯基)-β-环糊精（6-SH-β-CD），其具体结构见图 3-4。

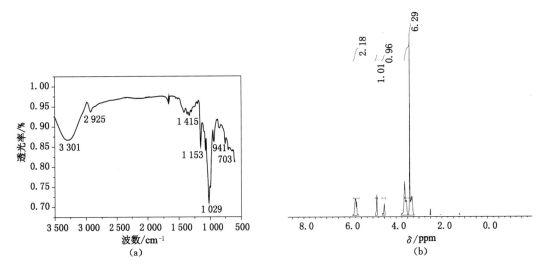

图 3-4 单-(6-巯基)-β-环糊精的分子结构示意图

由于 6-SH-β-CD 的羟基含有活泼氢，为避免氘代氯仿与活泼氢发生置换反应，影响羟基氢的出峰，在核磁共振氢谱的检测时选用氘代二甲基亚砜（DMSO-d6）作为溶剂。检测的红外谱图和核磁共振氢谱见图 3-5。

图 3-5 单-(6-巯基)-β-环糊精的红外光谱与核磁共振氢谱

(a) 红外光谱；(b) 核磁共振氢谱

由图 3-5(a)可知，红外光谱在 3 301 cm^{-1} 处有羟基的特征吸收峰，703 cm^{-1} 处有弱的 C—S 特征吸收峰，1 415 cm^{-1} 和 1 029 cm^{-1} 处有醚键的特征吸收峰。由图 3-5(b)可知，核磁共振氢谱在 3.43 ppm 处有 H—2、H—3、H—4、H—5 和 H—6 氢对应的多重峰，

4.55 ppm 处有—SH 基团上氢对应的多重峰,5.72 ppm 处有 2—OH、3—OH 羟基氢对应的多重峰,说明硫脲和 β-环糊精参与反应,4.83 ppm 处有一个单峰,可以判断是 H—1 氢对应的信号。以上结果表明所得到的化合物为目标化合物。

3.4.2 二羰基硫醚类化合物的表征与分析

二羰基硫醚类模型化合物合成了 4 种,分别是:3-[(丙基)(十二烷硫基)甲基]戊烷-2,4-二酮、3-[(苯基)(十二烷硫基)甲基]戊烷-2,4-二酮、3-[(苯基)(苄硫基)甲基]戊烷-2,4-二酮、3-[(苯基)(对甲苯硫基)甲基]戊烷-2,4-二酮,对这 4 种模型化合物进行红外光谱和核磁共振检测。

3.4.2.1 3-[(丙基)(十二烷硫基)甲基]戊烷-2,4-二酮

3-[(丙基)(十二烷硫基)甲基]戊烷-2,4-二酮的表征谱图见图 3-6,分子结构示意图见图 3-7。

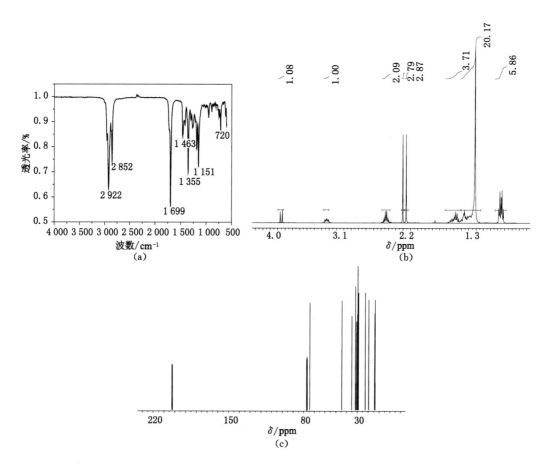

图 3-6 化合物的红外光谱、核磁共振氢谱与碳谱

(a) 红外光谱;(b) 核磁共振氢谱;(c) 核磁共振碳谱

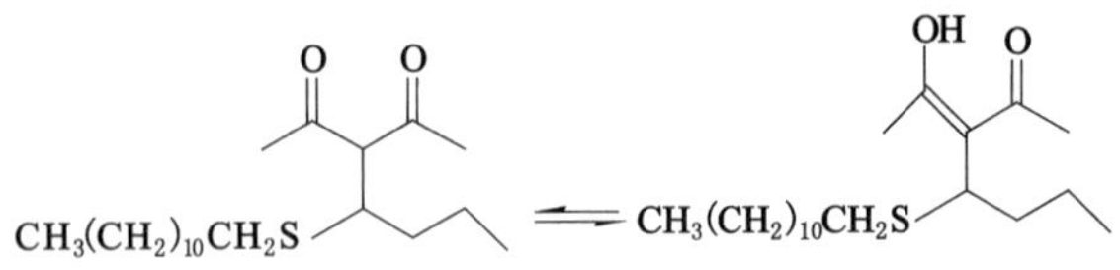

图 3-7　化合物 3-[(丙基)(十二烷硫基)甲基]戊烷-2,4-二酮的分子结构示意图

由图 3-6(a)可知,红外光谱在 2 922 cm^{-1} 和 1 355 cm^{-1} 处出现—CH$_3$ 的特征吸收峰,1 699 cm^{-1} 处出现羰基的特征吸收峰,1 463 cm^{-1} 处出现—CH$_2$ 的特征吸收峰,720 cm^{-1} 处出现 C—S 键弱的特征吸收峰,由于互变异构体的存在,1 151 cm^{-1} 处出现 =CH 的特征吸收峰。由图 3-6(b)可知,核磁共振氢谱在 0.86 ppm、2.02 ppm 出现—CH$_3$ 氢对应的多重峰,2.16 ppm、2.20 pm 出现—CH$_3$ 氢对应的单峰,1.33 ppm、1.49 ppm 出现—CH$_2$ 基团上氢对应的多重峰,3.23 ppm、3.85 ppm 出现—CH 基团上氢对应的信号,2.43 ppm 处出现—CH$_2$ 基团氢对应的信号。由图 3-6(c)可知,核磁共振碳谱在 202.22 ppm 和 202.66 ppm 出现两个羰基碳信号,13.72~22.65 ppm 处对应的是甲基碳信号,28.89~76.72 ppm 处对应的是亚甲基碳信号,77.36 ppm、77.04 ppm 对应的是次甲基碳信号。综合以上分析证实十二硫醇、乙酰丙酮和丁醛一锅法合成了目标化合物。

红外光谱测试表明,其他 3 种 β-硫代二酮类有机硫化合物在 3 000~2 900 cm^{-1} 出现烷基的吸收峰,在 1 600~1 700 cm^{-1} 出现强的羰基吸收峰,含苯结构的在 1 600 cm^{-1}、1 500 cm^{-1}、1 450 cm^{-1} 附近出现苯环的标志吸收峰,在 690 cm^{-1} 附近出现 C—S 键的吸收峰,同时[1]H NMR 和[13]C NMR 也进一步表明以下所制备的化合物是期望得到的物质。

3.4.2.2　3-[(苯基)(十二烷硫基)甲基]戊烷-2,4-二酮

3-[(苯基)(十二烷硫基)甲基]戊烷-2,4-二酮的结构示意图如图 3-8 所示,其表征的红外、氢谱和碳谱具体分析数据如下:

IR(KBr)ν_{max}:2 950(C—H),2 847,1 691(C=O),1 460,1 418,1 355,826,776,718,699(C—S)。

^{1}H NMR(400 MHz,CDCl$_3$)δ(ppm):7.44~7.02(m,5H),4.41(d,J=12.1Hz,1H),4.20(d,J=12.1Hz,1H),2.30(d,J=12.5Hz,3H),2.30~2.13(m,2H),1.83(s,3H),1.72~1.00(m,20H),0.83(t,J=6.5Hz,3H)。

^{13}C NMR (101 MHz,CDCl$_3$,TMS)δ(ppm):201.40,201.37,139.31,128.67,128.10,127.72,74.58,48.33,31.89,31.09,29.99,29.60,29.52,29.41,29.32,29.21,29.04,28.85,28.69,22.67,14.11。

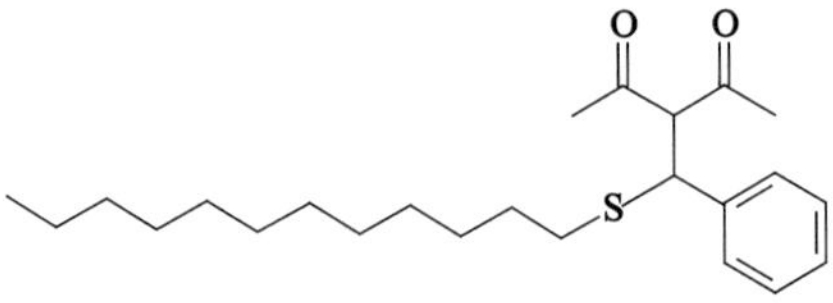

图 3-8　化合物的分子结构示意图

3.4.2.3　3-[(苯基)(苄硫基)]甲基]戊烷-2,4-二酮

3-[(苯基)(苄硫基)]甲基]戊烷-2,4-二酮的结构示意图如图 3-9 所示,其表征的红外、氢谱和碳谱的具体分析数据如下:

IR(KBr)ν_{max}:3 403(C—H),1 691(C=O ester),1 351(CH$_3$),801(Ph—),697(C—S)。

^{1}H NMR(400 MHz,CDCl3)δ(ppm):7.31～6.88(m,9H,C$_6$H$_5$,C$_6$H$_4$),4.70(d,J=12.2Hz,1H,CH),4.35(d,J=12.2Hz,1H,CH),2.38(s,3H,CH$_3$),2.27(s,3H,CH$_3$),1.85(s,3H,CH$_3$)。

^{13}C NMR (101 MHz,CDCl$_3$,TMS)δ(ppm):201.33,139.13,138.70,134.64,129.62,128.47,128.06,127.66,74.05,52.92,29.49,21.17。

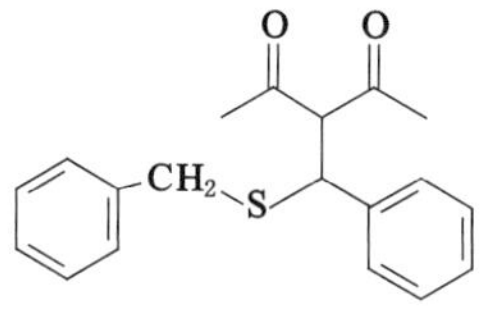

图 3-9　化合物的分子结构示意图

3.4.2.4　3-[(苯基)(对甲苯硫基)甲基]戊烷-2,4-二酮

3-[(苯基)(对甲苯硫基)甲基]戊烷-2,4-二酮的分子结构示意图如图 3-10 所示,其表征的红外、氢谱和碳谱具体分析数据如下:

IR(KBr)ν_{max}:3 403(C—H),1 691(C=O ester),1 351(CH$_3$),801(Ph—),697(C—S)。

^{1}H NMR(400 MHz,CDCl3)δ(ppm):7.31～6.88(m,9H,C$_6$H$_5$,C$_6$H$_4$),4.70(d,J=12.2Hz,1H,CH),4.35(d,J=12.2Hz,1H,CH),2.38(s,3H,CH$_3$),2.27(s,3H,CH$_3$),1.85(s,3H,CH$_3$)。

^{13}C NMR(101 MHz,CDCl$_3$,TMS)δ(ppm):201.33(d,J=14.9Hz,2C=O),139.13(s),138.70(s),134.64(s),129.62(s),128.47(d,J=3.7Hz),128.06(s),127.66(s,C$_6$H$_5$—),74.05 (s,CH),52.92(s,CH),29.49(d,J=4.0Hz,2CH$_3$),21.17(s,CH$_3$)。

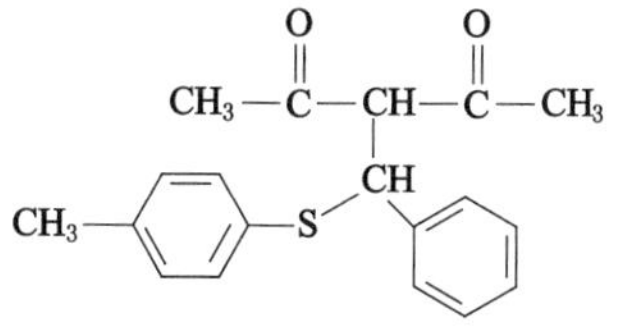

图 3-10　化合物的分子结构示意图

3.4.3　β-硫代酮类化合物的表征与分析

β-硫代酮类模型化合物合成了 5 种,分别是 1,3-二苯基-3-(十二烷硫基)丙烷-1-酮,3-苯基-1-对联苯基-3-(十二烷硫基)丙烷-1-酮,1,3-二苯基-3-(对甲苯硫基)丙烷-1-酮,1-苯基-3-(4-苄氧基苯基)-3-(对甲苯硫基)丙烷-1-酮,1-对联苯基-3-(4-苄氧基苯基)-3-(对甲苯硫基)丙烷-1-酮,对这 5 种模型化合物进行红外光谱和核磁共振检测。

3.4.3.1 1,3-二苯基-3-(十二烷硫基)丙烷-1-酮

1,3-二苯基-3-(十二烷硫基)丙烷-1-酮的表征谱图见图 3-11,分子结构示意图见图 3-12所示。

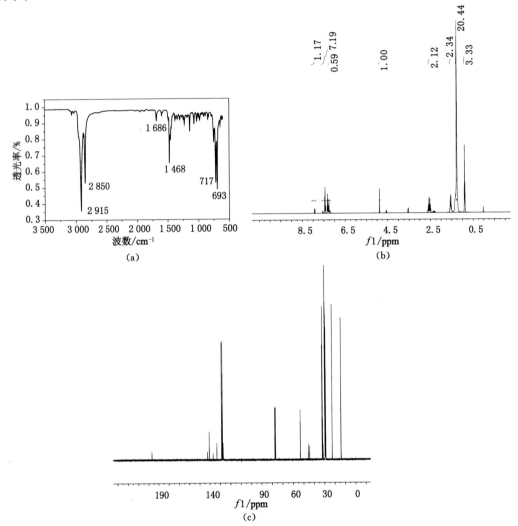

图 3-11 化合物的红外谱图、核磁共振氢谱与碳谱图

(a) 红外谱图;(b) 氢谱;(c) 碳谱

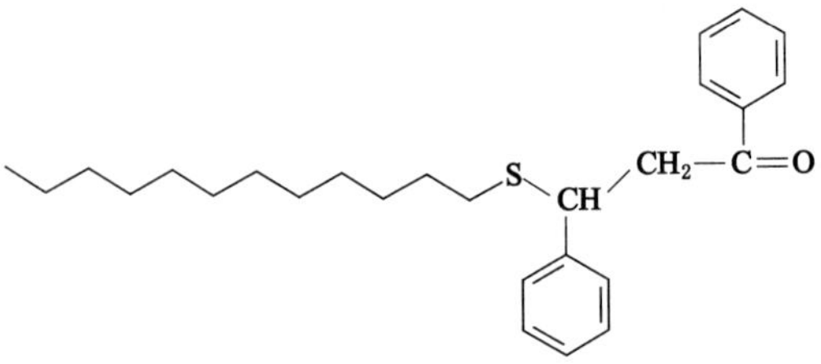

图 3-12 化合物的分子结构示意图

由图 3-11(a)可知,红外光谱在 2 915 cm^{-1} 和 2 850 cm^{-1} 处出现—CH$_3$ 的特征吸收峰, 1 686 cm^{-1} 处出现羰基的特征吸收峰,717～1 468 cm^{-1} 处出现苯骨架的特征吸收峰,693 cm^{-1} 处出现 C—S 键的特征吸收峰。由图 3-11(b)可知,核磁共振氢谱在 0.89 ppm 出现 —CH$_3$氢对应的单峰,1.26 ppm 出现—CH$_2$氢对应的信号,2.57 ppm 和 1.40～1.65 ppm 出现羰基和硫原子旁—CH$_2$基团上氢对应的信号,4.88 ppm 处出现次甲基氢的信号,1.40～ 1.65 ppm 出现苯环上氢对应信号。

由图 3-11(c)可知,核磁共振碳谱在 196.91 ppm 出现的酮羰基碳信号很弱,14.16 ppm 处对应的是甲基碳信号,22.71～77.38 ppm 对应的是亚甲基碳信号,77.74 ppm 对应的是 次甲基碳信号,123.09.94～140.65 ppm 对应的是苯环上碳信号,综合以上分析证实得到的 化合物为目标化合物。

红外光谱测试表明,其他 4 种 β-硫代酮类硫醚有机硫在 3 000～2 900 cm^{-1} 出现烷基的 特征吸收峰,在 1 600～1 700 cm^{-1} 出现羰基的特征吸收峰,在 1 580 cm^{-1}、1 500 cm^{-1}、 1 450 cm^{-1} 附近出现苯环的特征吸收峰,在 690 cm^{-1} 附近出现 C—S 键的特征吸收峰,在 1 240 cm^{-1} 附近出现的强吸收峰说明化合物中含有醚键,同时结合^{1}H NMR 和^{13}C NMR 检 测结果,证实合成的化合物是目标模型化合物。

3.4.3.2　3-苯基-1-对联苯基-3-(十二烷硫基)丙烷-1-酮

3-苯基-1-对联苯基-3-(十二烷硫基)丙烷-1-酮的分子结构示意图如图 3-13 所示,其表 征的红外、氢谱和碳谱具体分析数据如下:

IR(KBr)ν. 2 914(C—H),2 849,1 684(C=O),1 469,1 199,837,749,716,691(C—S)。

^{1}H NMR(400 MHz,CDCl$_3$,TMS)δ(ppm):8.34～6.77(m,14H),4.84(s,1H),2.51 (dtd,J=19.7,12.5,7.4Hz,2H),1.61～1.45(m,3H),1.25(d,J=22.7Hz,20H),0.86(t,J= 6.6Hz,3H)。

^{13}C NMR(101 MHz,CDCl$_3$,TMS)δ(ppm):189.84,140.64,130.54,129.12,128.95, 128.77,128.46,128.19,127.72,127.66,127.27,121.94,121.66,53.16,53.02,32.26, 31.93,29.67,29.65,29.60,29.50,29.36,29.19,29.15,28.89,22.71,14.15。

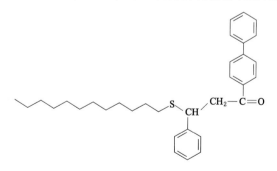

图 3-13　化合物的分子结构示意图

3.4.3.3　1,3-二苯基-3-(对甲苯硫基)丙烷-1-酮

1,3-二苯基-3-(对甲苯硫基)丙烷-1-酮的分子结构示意图如图 3-14 所示,其表征的红

外、氢谱和碳谱具体分析数据如下：

IR(KBr)ν_{max}：2 917(C—H)，1 678(C=O)，1 593，1 487，1 449，1 397(CH$_3$)，1 355，840，805，745，690(C—S)。

^{1}H NMR(400 MHz，CDCl$_3$)δ(ppm)：8.11～6.72(m，15H)，5.34(s，1H)，3.62(ddd，J=23.1，17.2，7.1Hz，2H)，2.32(d，J=3.7Hz，3H)。

^{13}C NMR(101 MHz，CDCl$_3$，TMS)δ(ppm)：197.23，139.95，137.94，133.48，133.19，130.82，129.6，128.6，128.07，127.32，77.39，76.75，61.27，48.62，44.58，21.19。

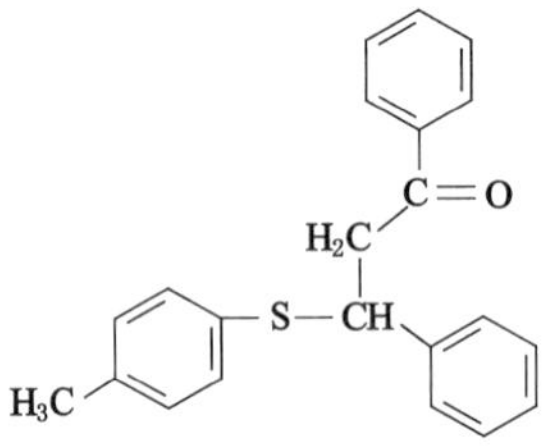

图 3-14　化合物的分子结构示意图

3.4.3.4　1-苯基-3-(4-苄氧基苯基)-3-(对甲苯硫基)丙烷-1-酮

1-苯基-3-(4-苄氧基苯基)-3-(对甲苯硫基)丙烷-1-酮的结构示意图如图 3-15 所示，其表征的红外、氢谱和碳谱具体分析数据如下：

IR(KBr)ν_{max}：3 014，2 969(C—H)，1 626(C=O)，1 581，1 452，1 380(CH$_3$)，1 250(C—O—Ar)，862，836，807，732，696(C—S)。

^{1}H NMR(400 MHz，CDCl$_3$，TMS)δ(ppm)：7.62～6.41(m，18H)，5.77(d，J=10.0Hz，1H)，5.30(s，2H)，5.02(d，J=9.1Hz，2H)，2.29(s，3H)。

^{13}C NMR(101 MHz，CDCl$_3$，TMS)δ(ppm)：195.39，158.34，137.89，136.84，134.31，133.02，132.26，130.96，129.56，129.24，129.11，128.58，128.00，127.89，127.52，115.04，114.64，69.99，53.04，21.24，20.95。

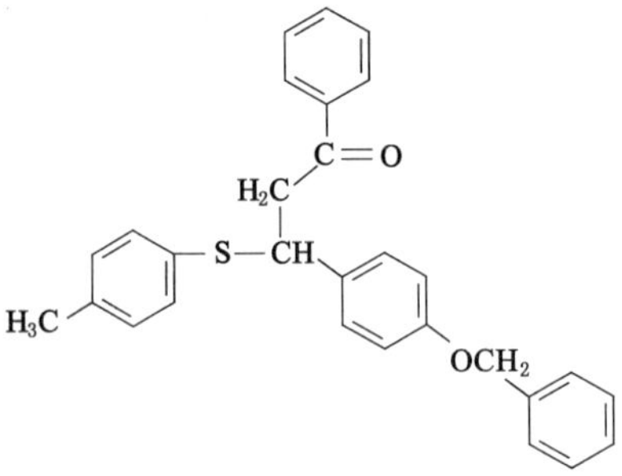

图 3-15　化合物的分子结构示意图

3.4.3.5　1-对联苯基-3-(4-苄氧基苯基)-3-(对甲苯硫基)丙烷-1-酮

1-对联苯基-3-(4-苄氧基苯基)-3-(对甲苯硫基)丙烷-1-酮的分子结构示意图如图 3-16所示，其表征的红外、氢谱和碳谱具体分析数据如下：

IR(KBr)ν_{max}:2 980(C—H),2 914,1 663(C=O),1 507,1 486,1 453,1 380(CH$_3$),1 232(C—O—Ar),914,836,810,736,694(C—S)。

^{1}H NMR(400 MHz,CDCl$_3$)δ(ppm):7.70～6.57(m,22H),5.81(d,J=10.0Hz,1H),5.21～4.99(m,2H),2.47～2.30(m,2H),2.32～1.74(m,3H)。

^{13}C NMR(101 MHz,CDCl$_3$,TMS)δ(ppm):193.64,158.11,140.44,138.36,137.93,137.19,136.93,135.66,135.19,134.33,132.26,130.56,129.67,129.36,129.10,128.66,128.24,127.99,127.41,126.78,115.05,70.03,53.10,21.29,20.96。

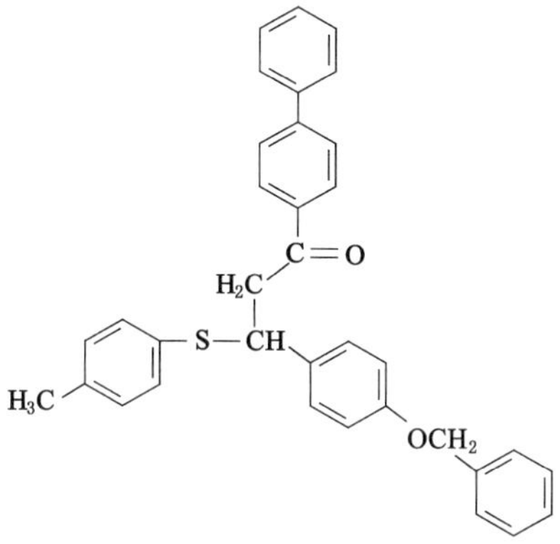

图 3-16　化合物的分子结构示意图

3.5　本章小结

煤的基本结构单元常采用芳香度、官能团和桥键等若干结构参数表示。在综合考虑硫醚/硫醇类物质在煤中的赋存形态、煤化程度、含硫量以及活泼氢、氧源的提供等多重因素的基础上,本章合成了以下几种硫醚/硫醇类模型化合物。

（1）合成了较大相对分子质量的硫醇类化合物单-(6-巯基)-β-环糊精,用于比较 C—S 键与 C—O 键以及含硫量对硫醇类物质介电特性的影响。

（2）由乙酰丙酮、不同结构的醛和硫醇,在醋酸铵催化下,水溶液中一锅法合成了 4 种二羰基硫醚类模型化合物;在室温下,不同结构的酮、醛和硫醇（酚）,在氯化锆催化作用下,合成了 5 种 β-硫代酮类化合物,用于考察芳碳比对脂肪族硫醚和芳基硫醚类化合物微波响应的影响。并采用傅立叶红外光谱、核磁共振氢谱和碳谱对合成的模型化合物进行表征分析。

4 硫醚/硫醇类化合物微波响应特性的研究

4.1 引言

微波特有的体积加热模式即物料吸收微波能转化成体积热[125],使微波加热与传统加热有着本质的不同,具有波动性、高频性、非热效应和热效应四大基本性质。一方面,微波加热比红外、远红外等其他用于辐射加热的电磁波波长更长,具有更好的穿透性,可使介质材料内外几乎同时加热升温,热惯性小,缩短了常规加热中的热传导时间,可有效降低能耗;另一方面,微波加热的输出功率随时可调,介质升温无惰性,不存在"余热"现象,有利于自动控制和连续化生产的需要。

4.1.1 电介质与介电性能

电介质是在外电场作用下,分子的正负电荷平均位置相对位移或分子的电偶极矩发生转向而产生极化响应的物质,其特征是以正、负电荷重心不重合的电极化方式记录、传递或存贮电的作用和影响,其中束缚电荷是主要作用因素。电介质在交变电场中通常都有损耗,物质在微波场中的加热特性取决于对物质吸收能量和热量转化过程起决定作用的介电特性[126]。介电特性是物质分子中被束缚电荷(局限于在分子线度范围内运动的电荷)对外加电场的响应特性。物料的介电特性取决于其化学组分及固有偶极子动量[127]。介电特性常用物质的复介电常数(ε)表示,通过下式可计算得到:

$$\varepsilon = \varepsilon' - j\varepsilon'' \tag{4-1}$$

式中,ε'是复介电常数的实部,简称介电常数,用于描述由于物质分子被极化而引起微波能量衰减的性质,是介质"阻止"微波能通过的能力度量,反映电介质在极化过程中储存微波能的能力。当分子固有电矩转动频率与外场频率一致时,极化能力最强。通常分子极性越大,介电常数越大,在电场作用下被极化能力越强。ε''是复介电常数的虚部,又称介电损耗因子,用来衡量物质分子把微波能转化为热能的能力[128],是由于磁场振荡在材料内部建立导电网络产生涡流,电磁能转化为热能而消耗[129]。

介电损耗角正切($\tan \delta$)是介电损耗因子和介电常数的比值,用于衡量指定温度和功率下物质吸收电磁能转化成热能的能力,通过下式可计算得到:

$$\tan \delta = \frac{\varepsilon''}{\varepsilon'} \tag{4-2}$$

微波辐照时,绝缘体和金属都不吸收微波,微波能无法转化成热能,介质不被加热;吸波材料吸收微波,可转化成热能,物质被快速加热。$\tan \delta$高的物质同微波有较强耦合作用,强烈吸收微波而升温快,$\tan \delta$值越高,有效吸收的微波能量越多,升温越快;$\tan \delta$低的物质,同微波耦合作用较弱甚至不产生耦合,吸收微波能力弱,升温慢[130]。介电常数表示材料极化的能力,宏观介电常数的大小,反映了微观极化现象的强弱,损耗由电介质极化产生。

由于各物质的损耗因数存在差异,微波辐照表现出选择性加热的特点,物质不同,微波产生的热效应也不同。介电特性与微波的加工模式、微波腔尺寸、加工参数、微波和材料的相互作用等因素密切相关[131]。条件和物料形状固定时,介电特性可以通过矢量网络分析仪测定。由于目前微波与化学反应体系之间相互作用的一些重大问题还未得到有效解决[132],如微波加热过程中化学反应系统的非线性反射、非均匀加热等现象。解决这类问题,首先必须了解反应体系的电学性质与磁学性质,而物质的宏观电学和磁学性质都可用其介电常数和磁导率来描述。对于绝大多数为非磁性材料的有机介质,微波与反应体系相互作用集中体现在体系的等效复介电常数上[133]。因此,对煤及其含硫组分微观化学结构、介电性质及其差异性和表征方法的研究是微波脱硫的基础。研究有机硫模型化合物的微波响应规律及影响因素对于微波脱硫尤为重要。

煤作为一种非同质混合物,有机组分和无机组分的介电性能具有明显差异性[134]。有机组分的介电常数还与煤的芳香度有关,芳香度高的煤大分子结构中芳香层片增大,分子内轨道彼此重叠,自由移动电子数和活动范围增大,介电常数随之增大[135-137],同时,煤孔隙里含有的水分和矿物质也会增加微波吸收能力[138]。由于混合物的介电特性不同,微波辐照下能够被选择性加热,合适的频率范围将避免显著改变煤的基本属性[139]。

煤微波脱硫不仅与采用的方法有关,而且与煤中硫化物的物理和化学结构有着密切关系。煤洁净、高效利用的基础是研究煤分子结构与模型化合物的反应性。Horikoshi 等[140]研究了不同底物微波辐照催化氧化反应,发现底物官能团种类影响微波的非热效应。马双忱等研究表明,不同结构分子中的硫原子微波辐照最佳活化频率并不相同[141],获得物质的介电特性数据和微波最佳激活频率对于微波能的应用至关重要。为了更好地利用微波技术辅助煤炭脱硫,必须探寻有机硫化合物吸收微波的最佳频率范围。基于煤中有机硫结构的复杂性以及硫醇/醚类有机硫具有较高的反应活性,结合本研究煤样中有机硫的主要赋存状态,兼顾测试条件对样品物性的要求,本章选择不同结构的硫醚/硫醇类化合物作为含硫模型化合物的替代研究,利用网络参数法中的传输反射法测试介电性质,分析其含硫键的介电响应规律。

4.1.2　微波频段介电常数测量方法

4.1.2.1　谐振腔法

谐振腔法是将待测介质放置在谐振腔内,测量谐振腔在介质放入前后谐振频率和品质因数的变化情况,利用介电特性和谐振频率与品质因数的关系推算介质复介电常数。谐振腔法测量准确,适合于高介电常数、低损耗介电常数测量。但是介质腔中有多种工作模式,为了能精确测试,要求固体材料的结构尺寸和耦合装置必须精确设计,另外还要求介质尺寸要小。

4.1.2.2　自由空间法

该方法通过矢量网络分析仪和收发天线构成开放空间测试系统,通过测量矢量反射系数和传输系数,或者测量不同入射角、不同极化方式下的矢量传输系数来确定样品的复介电常数。自由空间法可以满足高温条件、非均匀物质、非接触测量条件下的液体、固体和气体样品的测试。适合高频段对高损材料的测量。主要缺点是样品边缘发生衍射效应与喇叭天线的多重反射问题。另外自由空间法样品制作要求严格,要求一块平坦的、双面平行的、面积足够大的样品,以保证电磁波能够以 TEM 波的形式附着到试样上,并尽量减少电磁波绕射的影响。

4.1.2.3 传输反射法

传输反射法是将介质样品放置在一段均匀波导或同轴线内,仅需对测试样品安装一次,并对样品进行散射参数的测试来测定其复介电参数。与其他测试方法相比,传输反射法具有测量简单、精度较高、测量频段为全频段、测量对象为任意长度等优点,主要用于低损耗材料,且对全轴系统和波导系统都适用。

传输反射法依据样品夹具或测量座的不同,可分为同轴型、矩形波导型、带线型和微带线型。其中同轴型传输反射法的测量频带很宽,一般用于测量 $0.1 \sim 18$ GHz 频率范围的电磁参量,其样品为环状,用料较少。矩形波导型传输反射法的测量频带相对较窄,一般用于测量厘米波段的电磁参数,其样品为块状,用料较多。与同轴型和矩形波导型传输反射法相比,带线型传输反射法具有样品制备方便且易于放置等优点,但其测量精度与样品测量盒的加工精度有关。微带线型传输反射法可用于测量厚度仅有 $1 \sim 10$ μm 的薄膜材料的电磁参数。与带线型传输反射法一样,该方法对测量盒的加工精度要求也很高。显然,与同轴型传输反射法相比,矩形波导型传输反射法具有测量频带较窄、样品用量较多的缺点,而带线型、微带线型传输反射法对样品测量盒的加工精度要求较高,难以自行加工。

4.2 实验部分

4.2.1 煤样制备

测试所用煤样破碎至 $100 \sim 200$ 网目,在 100 ℃真空干燥 10 h 后置干燥器备用。

4.2.2 实验仪器与设备

介电特性测试:Agilent E8363B 矢量网络分析仪(Vector Network Analyzer,VNA)。

4.2.3 测试分析条件

测试频率范围:$0.5 \sim 18$ GHz。

温度:室温。

测试方法:网络参数法中的传输反射法,VNA 经校准后,将待测液体样品直接置于一定容积的矩形夹具中;固体样品压成外径 7 mm、内径 3 mm、厚 2 mm 的同轴圆环,同轴电缆连接 VNA 与测试夹具的两个端口,与 VNA 相连的计算机把测得的网络传输参数 S21 和反射参数 S11 以电磁参数的形式输出。测试误差:$\Delta\varepsilon'/\varepsilon' \leqslant 1.0\%$,$\tan \sigma \propto 3\% \tan \sigma + 3.0 \times 10^{-5}$。

4.3 新峪炼焦精煤微波响应特性分析

由于介电常数实部主要体现的是煤中极性基团在外场作用下的响应强度,煤化程度低的褐煤由于大分子结构中含有大量极性含氧官能团和较多非芳香成分的基团,空间结构疏松,介电常数较大。随着煤化程度的增加,介电常数逐渐减小,到中等变质程度的烟煤阶段,介电常数达到最低。测试的新峪炼焦精煤介电性质频率扫描曲线见图 4-1。

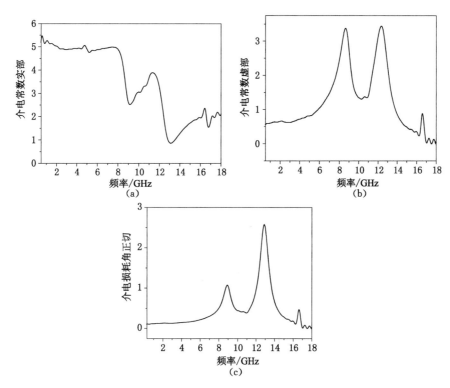

图 4-1 新峪精煤的介电性质频率扫描曲线

(a) 介电常数实部;(b) 介电常数虚部;(c) 介电损耗角正切

煤样在不同频率处对于外加微波场的极化响应能力明显不同。整体上,在 0.5~8 GHz 的微波频率范围内,介电常数实部在 5 左右且变化幅度相应较小,在 8~18 GHz 的频率范围内呈减小趋势且变化幅度较大,在 11.3 GHz、16.4 GHz 和 17.8 GHz 附近出现了 3 个峰值。介电常数虚部在 0.5~8.6 GHz 以及 10~12.3 GHz 范围内随着频率的增加而增大;在 8.6~10 GHz 以及 12.3~18 GHz 范围内随着频率的增加而减小;在 8.9 GHz 和 12.9 GHz 时出现 2 个接近于 3.5 的峰值,在 16.6 GHz 也出现一明显的峰值。介电损耗角正切值在 0.5~6 GHz 变化幅度不大且小于 0.25,频率大于 6 GHz 后有所上升并在 9 GHz 和 13 GHz 附近出现 2 个峰值,测试结果与有关文献报道的基本一致[142]。

考虑到微波辐照过程中煤内部温度急剧上升有可能破坏煤的有机质以及高频率微波目前难以获取的现状,微波脱硫应选择小于 5 GHz 的频段区域。

4.4 不同含硫量煤样介电性质对比分析

为了分析含硫组分对煤样介电性质的影响,选取新峪高硫精煤(XY)和淮南望峰岗低硫精煤(HN)测试并分析其介电差异,图 4-2 是二者介电性质频率扫描曲线。可以看出在 0～12 GHz 频段范围,高硫煤具有较高的介电常数实部,对微波的响应能力强于低硫煤。

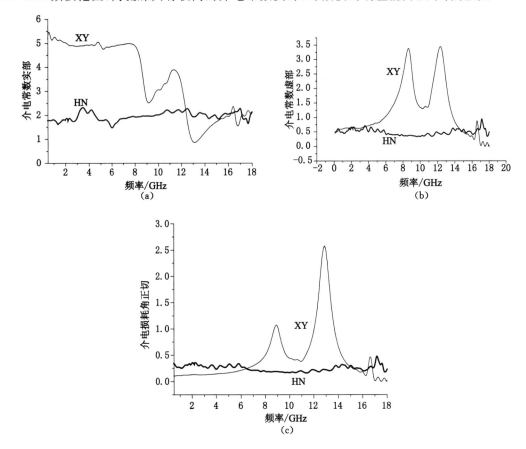

图 4-2 不同含硫量煤样介电性质频率扫描曲线
(a) 介电常数实部;(b) 介电常数虚部;(c) 介电损耗角正切

对比高硫煤和低硫煤介电常数虚部,在 8.6 GHz 和 12.3 GHz 频率处,高硫煤出现明显高于低硫煤的吸收峰而具有较高的损耗,而在 0～7 GHz 和 14～18 GHz 范围高硫煤介电损耗和低硫煤差别不大,两者介电损耗角正切值和介电常数虚部变化规律基本一致,在 0～6 GHz 范围低硫煤略高于高硫煤,说明在同等微波条件下,低硫煤可能升温更快。这与高硫煤对微波能量吸收更多的预期不太一致,可能是由于含硫组分在煤中所占比例很小或是低硫煤中其他组分引起较高的损耗。因此,针对不同煤种,应选择不同微波频段进行脱硫实验研究。

基于煤结构的复杂性,同时由于活性炭的介电常数实部在 2～4 之间与煤的有机质介电常数实部相当[143]，为了进一步探讨含硫组分对于煤样介电特性的影响，我们选取活性炭模拟煤的有机质环境，掺杂不同的含硫模型化合物，研究其介电性质的差异性，为微波辐照条件下煤中含硫键的断裂与有机硫的脱除提供理论支持和指导。

4.5　活性炭及其与硫醚混合物的微波响应研究

水浴加热溶解二苄基硫醚后，按 3∶7 的质量比加入干燥后的活性炭，搅拌使混合均匀。混合物室温条件下冷凝成固态后测试其介电特性。由图 4-3 可知，活性炭的介电常数实部略大于 3 且变动幅度很小，介电常数虚部在 0.5 左右同样变动幅度较小，介电损耗角正切值在 0～0.5 区间波动，且总体上随微波频率的增加而减小。而掺杂二苄基硫醚组分后其介电常数实部、虚部和介电损耗角正切值均明显增大，介电常数实部总体趋势是随着频率的增加逐渐减小，但在 11～18 GHz 之间变动幅度很小，介电常数虚部在 1～3.5 区间有较大幅度变动，介电损耗角正切值在 0.1～0.35 区间波动。说明在煤有机质中含有硫醚类组分可增加其在不同频率处对于外加微波场的极化响应能力和把微波能转化为热能的能力。由于煤有机质和含硫组分的损耗因数存在差异，因而微波辐照可实现选择性加热有机硫组分的目的。

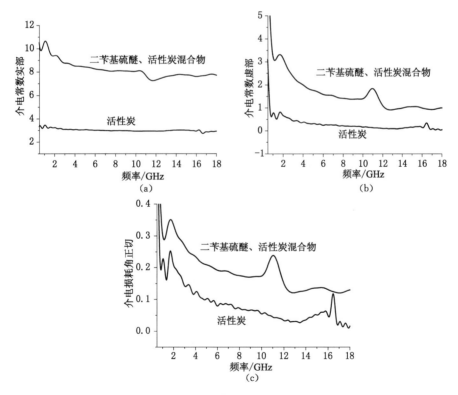

图 4-3　活性炭及其混合物介电性质频率扫描曲线
（a）介电常数实部；（b）介电常数虚部；（c）介电损耗角正切

4.6 小分子硫醚/硫醇类化合物的微波响应研究

为了明确含硫键的微波响应能力,有必要选择含硫量较大、结构相似的含硫键与不含硫键的小分子模型化合物进行介电特性的对比分析,探讨硫醚/硫醇类化合物的微波响应规律和影响因素。

4.6.1 硫醇类化合物微波响应特性分析

4.6.1.1 氮/碳元素取代硫元素

选取结构相似的含硫键与不含硫键的小分子化合物糠基硫醇、糠胺和 2-乙基呋喃进行介电特性测试分析,以探讨分子结构相似的 C—S 键、C—N 键和 C—C 键微波响应的差异性,解析分子组成和结构对硫醇类化合物微波响应的影响。各模型化合物的结构式见表 4-1,介电性质频率扫描曲线见图 4-4。

表 4-1 　　　　　　　　　　　**氮/碳元素取代硫元素的模型化合物结构**

模型化合物	结 　 构
糠基硫醇	$\text{—CH}_2\text{—SH}$
糠胺	$\text{—CH}_2\text{—NH—H}$
2-乙基呋喃	$\text{—CH}_2\text{—CH}_3$

在外加电场作用下,介质的极化是由于分子内部电荷做定向运动,使正负电荷中心距离变大的现象。介电常数是衡量电介质极化特性的一个物理量,影响介质介电特性的因素很多,如频率、组分等,通常物质的极化能力越强,介电常数值越大。三个模型化合物的结构差异仅表现在呋喃环侧链末端基团的不同。由图 4-4 可知,三者介电常数实部总体上均随着微波频率的增大而逐渐降低,在 0.5~18 GHz 范围,小分子含硫、含氮化合物介电常数实部和虚部均明显大于碳氢化合物。可能是因为 C—S 键和 C—N 键极性大于 C—C 键,2-乙基呋喃分子极性小于前两者所致,说明微波场作用下,C—S 键被极化和吸收电磁能转化为热能的能力均大于 C—H 键,这表明含硫键和非含硫键的结构差异是引起介质介电性质差异的主要原因。介电损耗角正切值和介电常数虚部的变化趋势类似,含硫、含氮化合物大于碳氢化合物。

4.6.1.2 氧/碳元素取代硫元素

十八硫醇和十八醇的结构差异是十八硫醇分子中的硫原子被氧原子所取代(见图4-5),二者的介电性质频率扫描曲线见图 4-6。

由于硫原子的摩尔极化率大于氧原子,在外场作用下更容易变形,使含硫键比含氧键具

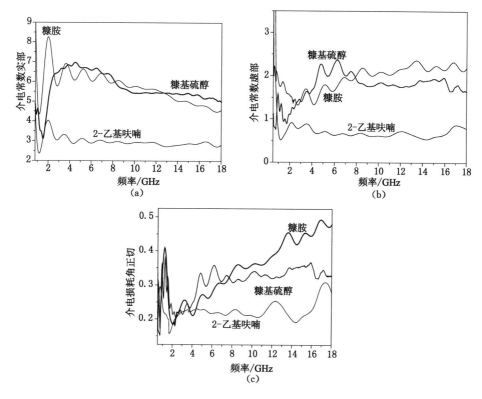

图 4-4 氮/碳元素取代硫元素的化合物介电性质频率扫描曲线

(a) 介电常数实部; (b) 介电常数虚部; (c) 介电损耗角正切

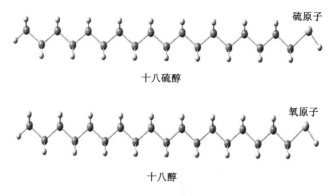

图 4-5 氧元素取代硫元素的模型化合物

有更高的微波极化响应能力。由图 4-6 可知,十八硫醇的介电常数实部明显大于十八醇,且在 1.1 GHz、10.1 GHz 和 13.9 GHz 处出现有峰值,而十八醇在以上三处的介电常数实部均未出现峰值,尤其是在 1.1 GHz 处十八醇的介电常数实部相对较小。二者介电损耗角正切值和介电常数虚部的微波响应规律却与此显著不同,十八硫醇除了在高频段(10.6 GHz 和 14.9 GHz 附近)微波频率处出现了大于十八醇的两个峰值外,其余频率处十八醇均大于十八硫醇,可见在较高频率处含硫键对外加微波场的热响应能力高于含氧键,在 0.5~10

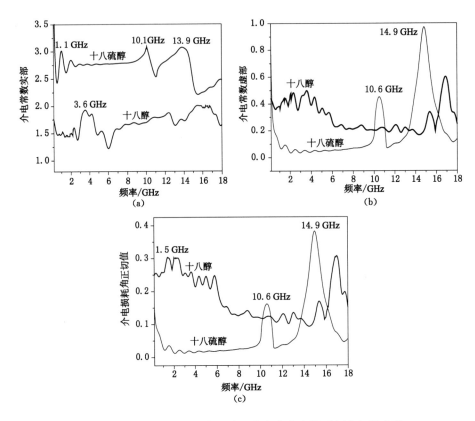

图 4-6   氧元素取代硫元素的模型化合物介电性质频率扫描曲线

(a) 介电常数实部;(b) 介电常数虚部;(c) 介电损耗角正切值

GHz 频率范围内十八醇的 tanδ 值明显大于十八硫醇,说明结构相似的介质 C—S 键吸收微波能和产生非热效应的能力明显大于 C—O 键化合物。

4.6.1.3   不同结构的硫醇类化合物微波响应特性分析

为探讨硫醇类物质的结构对其微波响应特征的影响,我们选取 3-甲基-2-丁硫醇、糠基硫醇和对甲苯硫酚三种硫醇类化合物分别代表脂肪族硫醇、含芳香成分的脂肪族硫醇和芳香族硫醇进行电磁特性测试,各模型化合物的结构和含硫量见表 4-2,它们介电性质的频率扫描曲线见图 4-7。

由图 4-7 可知硫醇类模型化合物 ε' 与微波频率和含硫量有关。虽然介电频谱显示出基本相同的变化趋势,但相同频率时不同物质 ε' 明显不同,ε' 最大值对应的微波频率也不同;在测试的频率范围内,总体上 ε' 的大小顺序是 3-甲基-2-丁硫醇≈糠基硫醇>对甲苯硫酚,与各化合物含硫量的变化趋势基本一致,即不同结构的硫醇类模型化合物含硫量越大,ε' 值越大。tanδ 的大小顺序是糠基硫醇>3-甲基-2-丁硫醇>对甲苯硫酚,说明含硫量对微波热效应的影响较小。由图 4-7 还可得到同频率情况下,对甲苯硫酚的 ε'、tanδ 值均远小于含硫量相当的糠基硫醇,说明芳基硫酚的 ε'、tanδ 值小于脂肪族硫醇。对于不同结构的硫醇类物质,0.5～2 GHz 区间均有 tanδ 峰值出现且相差不大,从热效应角度出发微波辐照脱除硫醇类物质应选择此频段。

表 4-2	硫醇类化合物	
名　称	结　构	含硫量/%
3-甲基-2-丁硫醇	CH₃CHCHCH₃ 上CH₃ 下SH	30.7
糠基硫醇	呋喃-CH₂—SH	28.0
对甲苯硫酚	SH 苯环 CH₃	25.8

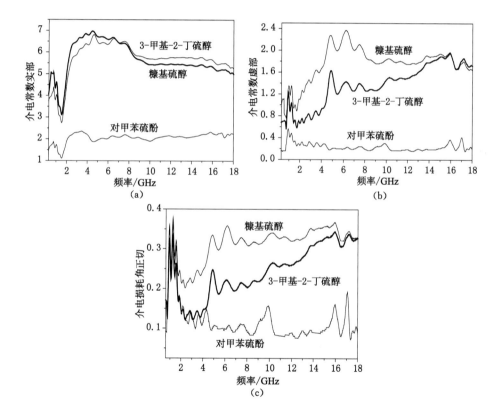

图 4-7　硫醇类模型化合物介电性质频率扫描曲线
（a）介电常数实部；（b）介电常数虚部；（c）介电损耗角正切

4.6.2　硫醚类化合物微波响应特性分析

4.6.2.1　硫元素被碳元素取代

选取二苯二硫醚以及其硫元素逐渐被碳元素取代的苯基苄基硫醚和联苄进行介电特性测试，以探讨分子结构相似的硫醚类化合物中 S—S 键、C—S 键和 C—C 键微波响应的差异性,解析分子组成和结构对硫醚类化合物微波响应的影响。各模型化合物结构和含硫量的差异性见表 4-3,介电性质频率扫描曲线见图 4-8。

表 4-3 硫元素被碳元素取代的化合物

模型化合物	含硫键情况	含硫量/%
二苯二硫醚	⟨C₆H₅⟩—S—S—⟨C₆H₅⟩	29.4
苯基苄基硫醚	⟨C₆H₅⟩—CH₂—S—⟨C₆H₅⟩	16.0
联苄	⟨C₆H₅⟩—CH₂—CH₂—⟨C₆H₅⟩	0

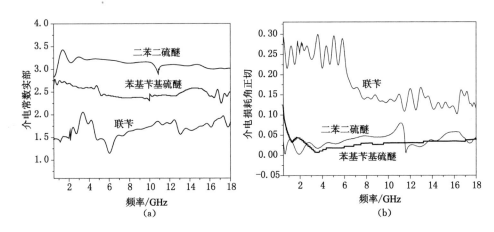

图 4-8 硫醚类模型化合物介电性质频率扫描曲线
(a) 介电常数实部;(b) 介电损耗角正切

由图 4-8 可知,在测定的频率范围内各化合物介电常数实部的大小为二苯二硫醚>苯基苄基硫醚>联苄,对于硫醚类化合物含硫键和非含硫键的结构差异同样是引起介质介电性质差异的主要原因。结构相似的硫醚类化合物 ε' 值与含硫量同样具有一定的依赖关系,含硫量越大,ε' 值越大。含硫成分的增加可明显增加介质在极化过程中储存微波能的能力;相对于联苄分子,含硫键吸收电磁能分子被极化的能力明显大于相似结构的碳氢化合物,且吸收微波的最佳频率小于碳氢化合物;衡量微波热效应的介电损耗角正切值却是联苄明显大于含硫模型化合物即 C—S 键明显小于 C—C 键。在 0.5~6 GHz 频段这种差距最明显。二苯二硫醚和苯基苄基硫醚的介电损耗角正切值差别很小,在 0~0.1 范围内小幅波动,碳氢化合物吸收微波能转变为热能的形式明显大于含硫化合物相。由于二苯二硫醚和苯基苄基硫醚 ε' 值的峰值均出现在 0.5~2 GHz 的频率范围,说明此频段应是微波辐照脱除硫醚类物质的最佳频率范围。

4.6.2.2 不同结构的硫醚类化合物微波响应特性分析

为探讨不同结构的硫醚类化合物对微波的响应特征,根据分子中硫原子是否和苯环直接相连,选取二苄基硫醚、苯基甲基硫醚和4,4-二羟基二苯硫醚三种硫醚类模型化合物进行电磁特性测试,各化合物的结构和含硫量见表4-4,其介电性质的频率扫描曲线见图4-9。

表 4-4 硫醚类化合物

名 称	结 构	含硫量/%
苯基甲基硫醚	⟨⟩—S—CH₃	25.8
二苄基硫醚	⟨⟩—CH₂—S—CH₂—⟨⟩	14.9
4,4-二羟基二苯硫醚	HO—⟨⟩—S—⟨⟩—OH	14.7

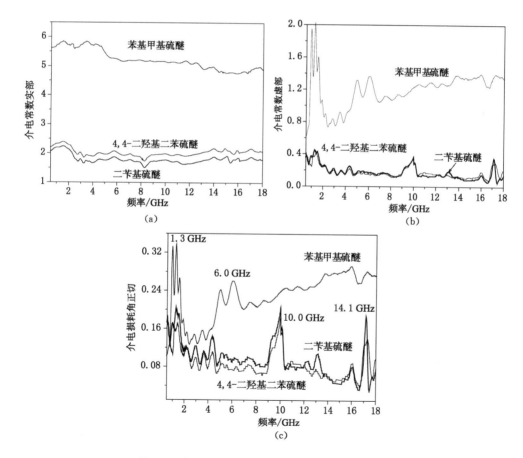

图 4-9 硫醚类模型化合物介电性质频率扫描曲线
(a)介电常数实部;(b)介电常数虚部;(c)介电损耗角正切

由图4-9可知,硫醚类模型化合物介电频谱显示物质的结构不同对化合物 ε' 值影响较小,微波频率相同情况下苯基甲基硫醚的 ε' 远大于4,4-二羟基二苯硫醚和二苄基硫醚,后两

者之间 ε' 值差别很小。结合各模型化合物的含硫量可知,硫醚类介质 ε' 值随介质含硫量的增加而增大即吸收微波的能力与含硫量变化趋势一致;$\tan\delta$ 值在 $0\sim0.35$ 区间波动,4,4-二羟基二苯硫醚和二苄基硫醚的 $\tan\delta$ 值近乎没有差别,与硫醇类物质类似,含硫量的变化对硫醚类化合物的微波热效应影响很小。在 $0.5\sim2\,GHz$ 频段,不同结构的硫醚类化合物均有 ε' 和 $\tan\delta$ 峰值出现,说明 $0.5\sim2\,GHz$ 频段应是微波辐照脱除硫醚/硫醇类物质的最佳频率范围。

4.6.2.3 硫醚类同分异构体间电磁响应特性分析

为考察分子结构对有机硫化合物介电特性的影响,选择了含硫量相同、不同结构的模型化合物 3-[（苯基）（对甲苯硫基）甲基]戊烷-2,4-二酮和 3-[（苯基）（苄硫基）甲基]戊烷-2,4-二酮(结构见表 4-5)进行介电性质频率扫描测试,结果见图 4-10。

表 4-5   **硫醚类同分异构体的分子结构**

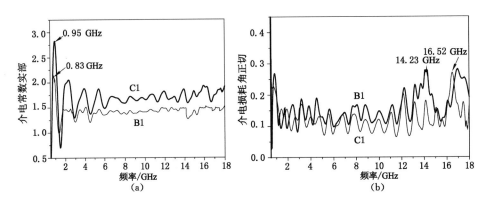

图 4-10   硫醚类同分异构体的介电性质频率扫描曲线

(a) 介电常数实部;(b) 介电损耗角正切

B1 和 C1 属于硫醚类同分异构体,含硫量相同均为 10.3%,仅仅是硫原子在分子中的位置不同,由图 4-10 可知,同频率的条件下芳基硫醚的 ε' 值略高于脂肪族硫醚,二者 ε' 和 $\tan\delta$ 最大值对应的频率分别是 $0.83\,GHz$、$0.95\,GHz$ 和 $14.23\,GHz$、$16.52\,GHz$ 即脂肪类硫醚的 ε' 和 $\tan\delta$ 最大值均大于芳基硫醚。由此可见,硫醚类物质的结构主要影响其最佳微波活化频率,芳基硫醚在微波场作用下被极化和产生热效应的最佳频率均低于脂肪族硫醚。

综合以上各种小分子硫醚/硫醇类模型化合物的介电响应测试结果可知:含硫键可明显增加不同结构的硫醚/硫醇类化合物的微波极化响应能力,含硫量越大,化合物的值 ε' 越大;

含硫量相近条件下,芳基硫醚的ε'值略高于脂肪族硫醚;综合考虑热效应和微波极化响应能力,0.5～2 GHz频段应是微波辐照脱除硫醚/硫醇类物质的最佳频率范围。

由于微波能只能引起电介质分子的转向极化,而煤中有机硫以小分子形式存在的很少,通常为复杂的大分子结构。以上所研究的各类介质的含硫量与工业上所用的炼焦煤中有机硫的含量有较大差距,因此有必要对大分子含硫介质微波响应特性加以研究。

4.7 较大分子含硫化合物微波响应研究

4.7.1 硫醇类化合物微波响应特性分析

为获知接近于煤环境中的硫醇类化合物微波响应信息,对图4-11中较大相对分子质量的硫醇类模型化合物单-(6-巯基)-β环糊精和β-环糊精的微波响应进行了研究,介电性质频率扫描曲线见图4-12。

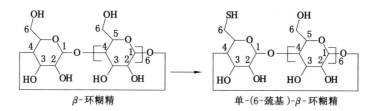

图 4-11   硫元素被氧元素取代的模型化合物

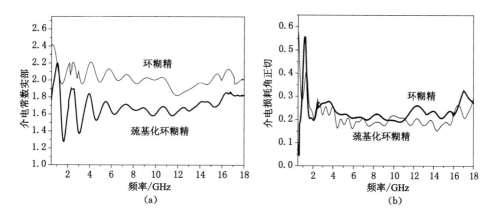

图 4-12   氧元素取代硫元素的模型化合物介电性质频率扫描曲线
(a) 介电常数实部;(b) 介电损耗角正切

环糊精分子具有略呈锥形的中空圆筒立体环状结构,在其空洞结构上下开口端含有一定数目的仲羟基和伯羟基。由图4-12可知,与十八硫醇的介电常数实部高于十八醇不一致,羟基巯基化后降低了介质的介电常数[144]。但0.5～2 GHz频段巯基化环糊精的ε'和$\tan\delta$均有峰值出现。分析认为巯基化环糊精分子只有2.8%的含硫量,远小于十八硫醇的

11.2%,含硫成分在分子中所占比例很小,消减了其对介质电磁响应能力的影响,巯基化环糊精和环糊精之间 ε' 的差距在缩小。相同频率下,巯基化环糊精介电常数实部的绝对量明显小于十八硫醇,也低于环糊精自身的 ε' 值。结合小分子硫醇类模型化合物介电特性测试结果,进一步证明物质的 ε' 大小与其含硫量存在很强的非线性依附关系,含硫量越大对物质电磁极化能力的影响越明显,而对 $\tan\delta$ 值影响很小,含硫介质吸收的微波能主要以非热形式体现且 ε' 和 $\tan\delta$ 峰值均在较低的频段范围。

4.7.2 不同芳碳比硫醚类化合物的微波响应特性分析

煤基本结构单元的核心为缩合芳香环,与芳香环相连的主要是含氧官能团和烷基侧链,其中的含氧官能团包括羟基、羧基和羰基等[145]。随着煤化程度增加,煤样介电常数呈现大→小→烟煤最低→大→无烟煤迅速增大的变化趋势。由于不同煤化程度煤样的芳香度不同,同时大分子含硫介质吸收的微波能主要以非热形式体现,有必要研究有机硫化合物芳香度对其 ε' 的影响。

4.7.2.1 脂肪族硫醚类化合物电磁响应特性分析

不同芳碳比的脂肪族硫醚类化合物的结构见表 4-6,其介电性质频率扫描曲线见图4-13,介电常数实部峰值与对应频率见表 4-7。

表 4-6   **不同芳碳比的脂肪族硫醚化合物**

代号	模型化合物	芳碳比/%	含硫量/%
A1		0.0	9.0
A2		25.0	8.2
A3		44.4	8.1
A4		54.5	6.8

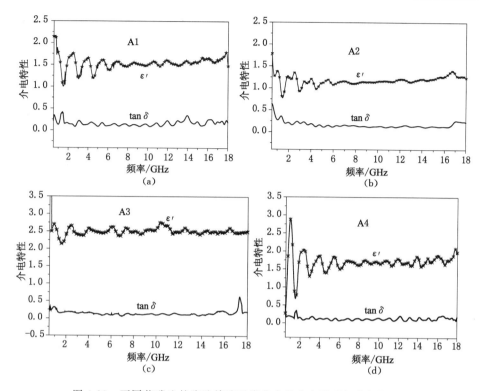

图 4-13 不同芳碳比的脂肪族硫醚类化合物介电性质频率扫描曲线

(a) A1 介电特性；(b) A2 介电特性；(c) A3 介电特性；(d) A4 介电特性

表 4-7　　　　不同芳碳比的脂肪族硫醚类化合物介电常数实部峰值及其对应频率

代　号	频率/GHz	ε' 对应值
A1	0.85	1.87
A2	0.88	1.39
A3	0.92	2.71
A4	0.94	2.88

　　由图 4-13 可知，不同芳碳比的脂肪族硫醚随着微波频率的连续变化，介质在交变电场作用下，内部各级结构不同程度地响应电场的变化，使得介质总体上介电常数和介电损耗上下波动，在频率—ε' 谱图上表现为多个峰形[146]。脂肪族硫醚化合物介电常数由大至小的顺序是 A3＞A4≈A1＞A2，因为 A1 至 A4 随着芳碳比的增加，含硫量降低，分子在外场的极化能力随之减小；同时芳碳比增大，离域电子数增加具有较高的电子极化率。A1～A4 的介电损耗角正切值在 0.25 左右小幅波动，相差很小，微波辐照的热效应影响都很小，微波能主要以非热效应的形式作用于有机含硫成分。在测试的频率范围内，不同芳碳比的脂肪族硫醚类化合物 ε' 和 $\tan\delta$ 的峰值同样集中在 0.5～2 GHz 频段范围。

　　对于结构相似的 A1、A2，芳碳比由 A1 的 0％增加到 A2 的 25.0％。A1 含硫量略大于A2，二者 ε' 值的差距很小且 A1＞A2；同样 A3 与 A4 结构相似，芳碳比由 A3 的 44.4％增加到 A4 的 54.5%,与 A1、A2 相比二者含硫量差别增大,ε' 的差距也随之增大且 A3>A4,说明结构相似的硫醚类物质含硫量是决定介质 ε' 值的主要因素。

介质从非极化到极化,或者从一种极化状态改变到另一种极化状态需要介电弛豫时间,使介电特性的起始测试具有一定的偏差。除去低频端测试误差,A1~A4 的 ε' 峰值大小及对应的频率见表 4-7,均在 0.5~1 GHz 的范围内呈现最大吸收;随着芳碳比的增加,ε' 吸收峰逐渐增强且大于 0.5,属于有损介质。

4.7.2.2　芳基硫醚类化合物电磁响应特性分析

结构相似不同芳碳比的芳基硫醚类化合物结构及含硫量见表 4-8,其介电特性见图 4-14,其介电常数实部峰值与对应频率见表 4-9。

表 4-8　　　　　　　　　　　不同芳碳比的芳基硫醚类化合物

代号	模型化合物	芳碳比/%	含硫量/%
B1		66.7	11.3
B2		81.8	9.6
B3		82.8	7.6
B4		85.7	6.4

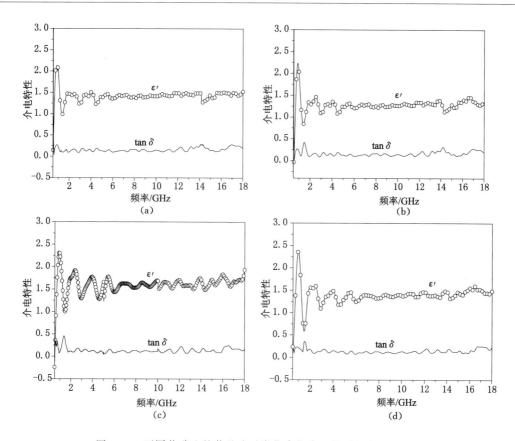

图 4-14 不同芳碳比的芳基硫醚类化合物介电性质频率扫描曲线
(a) B1 介电特性；(b) B2 介电特性；(c) B3 介电特性；(d) B4 介电特性

表 4-9 不同芳碳比的芳基硫醚类化合物介电常数实部峰值和对应频率

名称	频率/GHz	ε'对应值
B1	0.83	2.19
B2	0.84	2.23
B3	0.91	2.31
B4	0.94	2.37

在同样的测试条件下微波能吸收系数相差不大且 B3＞B4≈B1＞B2。B1 含硫量最大，分子结构中又有强极性的羟基，ε'值却较低，说明芳碳比增大可增加硫醚类物质的 ε'值，ε'峰值与对应的频率如表 4-9 所示。不同芳碳比的芳基硫醚、脂肪族硫醚化合物微波辐照最佳活化频率并不相同，随着芳碳比的增加介质 ε' 最大值和对应的频率增大。脂肪族硫醚的链长越长，分子链柔性越大，ε'一般大于相近相对分子质量的芳香族硫醚化合物[147]。联苯单元的引入使分子形成交叉扭曲的结构，对分子总体的共轭程度影响不大，模型化合物对外电场的介电响应主要是偶极极化与分子芳香环共轭大 π 电子云的取向极化为主，介电常数受分子链组织结构影响较小，相对分子质量的降低，介质的 ε' 有所下降。

由于以上两类模型化合物的含硫量更接近于实际高硫煤中的含硫量,芳碳比主要影响二者的介电常数实部,对 $\tan\delta$ 的影响较小。在低频段,引起介电损耗的主要原因是离子的导电性[148],而有机化合物是弱极性物质,几乎无离子存在,偶极子的极化是其产生介电损耗的主要原因,因此微波辐照对有机硫化合物自身的热效应影响很小。且 B4 的芳碳比已高达 86%,同时 ε' 的峰值均在低频区范围,因此可推断微波脱硫的最优频率应该较低[149]。$0.5\sim 2\,\mathrm{GHz}$ 是硫醚/硫醇类有机硫模型化合物对微波吸收较为明显的频段。因此微波辐照脱除硫醚/硫醇类有机硫的最佳反应频率在小于 $2\,\mathrm{GHz}$ 的频率范围内。我们对山西炼焦煤微波脱硫实验也证明了 $0.915\,\mathrm{GHz}$ 频率下的微波脱硫效果优于 $2.45\,\mathrm{GHz}$ 处。

4.8　本章小结

本章利用传输反射法测定了室温下新峪炼焦煤样和不同结构的硫醚/硫醇类模型化合物的介电特性,具体结果如下:

(1) 在 $0.5\sim 8\,\mathrm{GHz}$ 的微波频率范围内,新峪炼焦精煤介电常数实部在 5 左右且变化幅度相应较小,在 $8\sim 18\,\mathrm{GHz}$ 的频率范围内呈减小趋势且变化幅度较大,在 $11.3\,\mathrm{GHz}$ 和 $16.4\,\mathrm{GHz}$ 和 $17.8\,\mathrm{GHz}$ 附近出现了 3 个峰值。介电损耗角正切值在 $0.5\sim 6\,\mathrm{GHz}$ 变化幅度不大且小于 0.25,频率大于 $6\,\mathrm{GHz}$ 后有所上升并在 $9\,\mathrm{GHz}$ 和 $13\,\mathrm{GHz}$ 附近出现 2 个峰值。

(2) 微波频率影响有机硫模型化合物的介电特性。含硫键可明显增加不同结构的硫醚/硫醇类模型化合物的微波极化响应能力,含硫量越大,模型化合物的 ε' 值越大,含硫量相同、不同结构的模型化合物最佳微波活化频率并不相同;硫醚类有机硫模型化合物的介电常数实部峰值以及对应的微波频率随着芳碳比的增加而增大;不同含硫化合物介电常数实部峰值在小于 $2\,\mathrm{GHz}$ 的频率范围内。

(3) 微波辐照主要以非热效应的形式作用于硫醚/硫醇类模型化合物;含硫量更接近于实际高硫煤中的含硫量,硫醚/硫醇类化合物微波极化响应能力的最佳频段是 $0.5\sim 2\,\mathrm{GHz}$,此频段应是微波辐照脱除硫醚/硫醇类物质的最佳频率范围。

5 微波辐照非热效应对
硫醚/硫醇类化合物结构的影响

5.1 引言

  微波辐照下的化学反应体系,既有反应物吸收能量后温度升高,分子运动加剧,使体系的熵值增加;同时也存在微波场对微粒的 Lorentz 力作用,迫使离子或极性分子按照电磁波作用的方式运动,导致体系熵值的减小。可见微波对化学反应的作用机理非常复杂,不能仅仅用微波的热效应来解释。目前微波辐照对煤炭影响的研究大多集中于除水干燥和宏观脱硫率两方面。其中频率为 2 450 MHz 的微波已被广泛用于煤炭加工和转换的研究,在低温条件下(<100 ℃)可使煤中的有机硫脱除率达到 30%～60%[150]。但如果仅仅从能量的角度(见图 5-1)直接吸收微波能来完成化学反应是无法实现的。

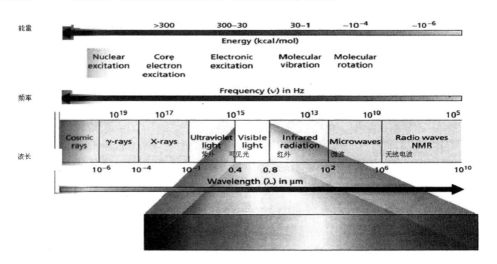

图 5-1 电磁波的辐照类型

  煤的热解实验证明各种类型有机分子中的苯环都很难发生键的断裂或氢的饱和等反应,热解的引发键是分子中的 C—S 键、C—N 键和 C—O 键等相对较弱的化学键,高温下会优先断裂。而通常情况下,煤干馏时脂肪族有机硫在 300 ℃左右热解,芳香族有机硫开始释放的温度在 400 ℃左右,反应活性较弱的噻吩类有机硫在 500 ℃以上才能够热解[151]。可见仅仅依靠微波的热效应难以脱除煤中的有机硫,因此,有必要探讨微波非热效应对有机硫结构、性质的影响。

5.1.1 微波的热效应与非热效应

微波对物质的作用如以温度为判据,通常把它分为微波辐照的非热效应和介电加热效应。物质吸收了微波的能量后,体系温度升高,使物质的结构和性能发生变化,这种现象称为微波的热效应,微波加热是通过电磁感应物质吸收微波能量并把其转化为热量的一种加热技术,由微波参与的化学反应基本上都是基于微波介电加热的机理进行的[152];在微波辐照的作用下,体系内的温度保持不变(或没有明显的温升),却可以使物质的结构和性能发生明显变化,这种现象称为微波的非热效应,是一种无法用温度变化来解释的特殊效应。目前,还没能真正彻底地搞清微波作用机理,微波能应用过程中最受争议的问题之一就是微波"非热效应"是否存在。对微波照射作用下的热效应以及微波非热效应机理方面进行探讨,有助于研究人员进一步理解微波化学中的热与非热效应的机制,并对相关研究提供参考。

微波辐照在加速化学反应的过程中普遍认为存在热效应,而对于微波在化学反应中所产生的特殊效应,特别是非热效应逐渐成为人们争论的焦点[153]。"热效应"的支持者认为微波通过选择性加热极性物质,仅仅是因为迅速提高了反应温度,形成宏观或微观上的热点,从而加速了反应[154];"非热效应"的支持者认为微波场通过极性分子的定向排列作用,电磁场中电场部分能够稳定反应极性过渡态,改变了反应的动力学,降低了反应的活化能,从而加速了反应[155]。"同步升温对比实验"是目前被研究者认可的验证微波"非热效应"的实验方法之一。在有机合成实验中此法是使用等量反应物,以相同升温速率通过微波加热和常规加热到达相同温度后,比较两者的反应选择性和收率,若二者结果存在明显差异,则证明存在"非热效应"[156]。

5.1.2 量子化学计算与密度泛函理论

电子等微观粒子的运动状态必须用量子力学理论来描述。量子力学是建立在微观世界的量子性和微粒运动规律的统计性这两个基本特征基础上的,能够正确地反映微观粒子的运动状态和规律。量子化学(Quantum Chemistry)是一门应用量子力学的基本原理和方法研究化学问题的基础科学。近年来,量子化学计算的方法已被广泛应用于煤化学结构、反应机理及反应特性等方面的研究[157-160],为我们提供了实验中观察不到的分子结构和反应性信息。其中理论基础源于著名的 Hohenberg 和 Kohn 定理的密度泛函理论(Density Fnctional Theory,DFT),包含了原子与分子基态性质的所有信息,使量子化学计算方法用于探索分子结构和反应性之间的关系成为可能。Gaussian 是量子化学从头计算和半经验计算使用最广泛的计算程序之一,是分子模拟研究和量子化学计算的有力工具,它可提供足够精确的分子几何构型和电子分布等信息[161]。其理论模拟的广泛应用具有实验所无法比拟的优势,用来研究复杂的体系,许多理论计算结果与实验值具有很好的一致性[162-164]。

量子化学计算方法是利用量子力学的原理作为计算基础,量子力学可由求解公式(5-1)所示的定态薛定谔方程(Schrödinger equation)而得到:

$$\frac{\partial^2 \psi}{\partial x^2} + \frac{\partial^2 \psi}{\partial y^2} + \frac{\partial^2 \psi}{\partial z^2} + \frac{8\pi^2 m}{h^2}(E-V)\psi = 0 \tag{5-1}$$

式中,E 是系统的总能量;V 是系统的势能;m 是微观粒子的质量;h 是普朗克常数;x, y, z

为微观粒子的空间坐标。

将系统的势能表达式代入薛定谔方程中,求解方程即可得到波函数 ψ 及对应的能量 E。ψ 称为原子轨道,是量子力学中描述核外电子在空间运动状态的数学函数式,即一定的波函数表示电子的一种运动状态,波函数 ψ 本身没有直观的物理意义,它的物理意义要通过 $|\psi|^2$ 来理解,$|\psi|^2$ 代表微观粒子在空间某处出现的概率密度。

量子化学的根本问题就是求解分子体系的薛定谔方程。但是薛定谔方程很难求解,即便是单电子系统,解薛定谔方程也很复杂。至今人们也只能精确求解单电子系统的薛定谔方程,采用近似的方法进行求解是不可避免的。由于引入不同的近似假定,就产生了相应的量子化学计算方法,DFT 理论只是其中的一种。

DFT 理论的基本思想是原子、分子基态的物理性质可以用粒子的密度函数来描述,是一种利用量子力学研究多电子体系电子结构的数学方法。不用电子波函数 ψ 描述体系基本变量,而采用电子密度 ρ 来描述体系基本变量。对于一个 N 电子的体系,就有 $3N$ 个变量的波函数,电子密度只是 3 个变量的函数。因此采用 DFT 理论使得计算大大简化,从而缩短了计算时间,为研究较大体系的化学性质提供了一条可能的途径。越来越多的研究者开始利用 DFT 方法来研究化学和煤化工中的化学问题。

5.1.3 键能、键长和分子的偶极矩

键能、键长、键的极性等键参数可以定性或半定量地解释分子的一些性质。它们可以由实验直接或间接测定,也可以由分子的运动状态通过理论计算求得。

5.1.3.1 键能(Dond Energy)

在标准状态下,将 1 mol 理想的气态分子 AB,解离成理想的气态 A 原子和 B 原子所需的能量叫做 A—B 键的离解能,单位为 kJ/mol,用符号 $D(A—B)$ 表示。对于双原子分子,离解能就是其共价键的键能。而对于多原子分子来说,键能和离解能是不同的,例如 NH_3 分子中 N—H 键的键能应是 3 个 N—H 键离解能的平均值。一般键能越大,化学键越牢固,含有该键的分子越稳定。

5.1.3.2 键长(Bond Length)

成键两原子核间的平衡距离叫做键长。键长对确定分子的几何构型以及键的强弱有重要的影响。通常键长越长,共价键越弱,形成的分子越活泼;键长越短,共价键越牢固,形成的分子越稳定。理论上用量子力学近似方法可以算出键长,对复杂分子常由光谱或衍射等方法测定键长。

5.1.3.3 偶极矩(Dipole Moment)

如果把整个分子的正电荷和负电荷分别抽象成一个点,称为正、负电荷的中心。如果正、负电荷的中心重合,这样的分子称为非极性分子;反之,如果正、负电荷的中心不重合,就会在分子内形成"两极",一端带负电荷,另一端带正电荷,这样的分子称为极性分子。分子极性的强弱可以用偶极矩 μ 表示。分子偶极矩定义为:偶极长(极性分子正、负电荷中心间的距离)d 与偶极电荷(极性分子正、负电荷中心所带电荷)q 的乘积,如式(5-2)所示。

$$\mu = q \cdot d \qquad (5\text{-}2)$$

偶极矩是矢量,方向从正电荷指向负电荷,单位为 C·m,也常用 D(Debye,德拜)表示。偶极矩说明了分子中电荷的分布。偶极矩的大小体现了分子极性的强弱:偶极矩越大,分子极性越强,偶极矩为 0 的分子为非极性分子。

5.1.3.4 布居数分析(Population Analysis)

量子化学研究的一个主要的目标是确定多原子分子中电子结构以及每个原子上的电子数目,Mulliken 提出了"布居数分析"的方法能够很好地表明电荷在各组成原子之间的分布情况。按照分子轨道理论,分子的电荷密度是由各分子轨道上排布的电子贡献的,也可以把分子的电荷密度看成是由分子内各原子的原子轨道上的电子组成。从原子轨道的角度看,每个分子轨道上的电子数就不一定为整数,电子在各原子轨道上有一个分布或者"布居"。

基于煤炭结构的复杂性,实验上很难准确、全面地研究微波辐照对不同结构,尤其是复杂结构有机硫微观状态的影响。本章拟通过采用多种测试手段对模型化合物的量子化学计算进行分析研究,考察微波辐照对化合物结构、物性的影响,结合外加微波级能量场的模拟计算,探讨微波非热效应对有机硫介质结构的影响。

5.2 实验部分

5.2.1 主要仪器与设备

本章所使用的主要实验仪器与设备见表 5-1。

表 5-1 　　　　　　　　　　　　　　　**实验仪器与设备**

名　称	型　号	厂　家
调频微波反应器	BDS7595—200 型	杭州八达电器有限公司
傅立叶变换红外光谱仪	NiCOLETiS5	美国 Thermo scientific 公司
Gaussian 量化计算软件	Gaussian5.0.9	国睿信息科技有限公司
核磁共振仪	Bruker AVII400	德国 Bruker 公司
紫外分光光度计	R—201UV—9600	美国 Agilent 公司
激光显微共聚焦拉曼	inVia—Reflex	英国雷尼绍公司

5.2.2 测试条件与计算方法

5.2.2.1 微波辐照条件

调节待测样品的高度,利用矢量网络分析仪在 $740\sim950$ MHz 频率范围内测试获得模型化合物的最佳吸波频率,并在此频率处以 200 W 功率的微波分别辐照模型化合物 10 min。不同模型化合物的微波辐照参数:二苯二硫醚(755 MHz,反射损耗:-8.62 dB),十八硫醇(748 MHz,反射损耗:-2.5 dB),4,4-二羟基二苯砜(760 MHz,反射损耗:-8.5 dB),苯基甲基硫醚(748 MHz,反射损耗:-2.2 dB)。

5.2.2.2 核磁共振氢谱测试条件

以四甲基硅烷(TMS)为内标,氘代氯仿(CDCl$_3$)或二甲基亚砜(DMSO)为溶剂。

5.2.2.3 紫外光谱测试条件

紫外分光光度计的基线校准用无水乙醇作为参比,取同样质量微波辐照前后的样品,分别溶解在相同量的无水乙醇中,混匀后进行紫外光谱测试。仪器参数设定:扫描区间为200～500 nm,分辨率:1 nm。

5.2.2.4 红外光谱测试条件

红外光谱制样采用 KBr 压片法,随机软件进行自动基线调整,为了减小样品在 KBr 中浓度不同对透光率的影响,一律换算成吸光度作为纵坐标作图。

5.2.2.5 显微激光拉曼测试条件

光谱分辨率:1～2 cm^{-1},测量范围:400～4 000 nm,固体平台激光器 532 nm,输出功率250 mW,曝光时间 10 s,扫描次数 20 次。

5.2.2.6 量子化学计算方法

所有的理论计算使用 Gaussian 5.0.9 软件包完成,由于 B3LYP/6—31＋G(d,p)方法能给出相对合理的几何构型[165],所有模型化合物均采用该方法进行构型优化。在同一基组水平上计算分子的前线轨道分布和键长,用于分析分子的反应活性区域。分别沿 X 轴方向加上一系列 0～0.000 7 a.u. 微波级强度的外电场并进行分子几何结构优化。在此基础上再在 Y 轴方向加上对应强度的外电场并进行几何结构优化,计算相应分子中的共价键键长、总能量、偶极矩、HOMO 能级、LUMO 的能级及能隙。为研究微波非热效应对有机硫化合物结构的影响提供理论依据。

5.3 测试结果分析

微波与物质相互作用过程中,除已知的热效应外,往往还存在微波所特有的非热效应。大量实验表明参与反应的物质通过选择性吸收微波而被优先活化,体现出非热效应,表现在反应速率的增大、反应途径以及物质性能的改变等现象。在微波"非热效应"的研究中,效应差异法是常用的实验研究方法,指从微波加热与常规加热所产生的结果差异性来证明非热效应的存在。而实验设计时很重要的一个要素是尽可能地使热效应剥离出来,最大程度上消除热效应的影响,在相同的反应时间内,使微波加热与常规加热两种体系从相同的初始温度达到相同的反应温度。考虑到微波辐照能够快速加热极性介质,升温速度快,为了减小升温曲线差异性带来的误差,在常规加热时往往采用把浴液提前预热到反应温度的方法。即便如此,二者因温度测量的方法有所不同,反应温度的控制仍存在不可避免的误差。因此利用在低温下热效应不明显,相对易于剥离的优点,实际应用时尽可能地使反应体系处于较低的温度条件下。本章内容涉及的微波辐照模型化合物的实验过程中,由于微波功率很小,跟踪测试辐照前后模型化合物自身的温度并未发生变化,故可忽略实验过程中微波热效应的影响,分子结构的所有变化均源于其非热效应所为。

5.3.1 核磁共振氢谱测试结果分析

NMR 技术是用波长 $10\sim100$ m(频率在兆赫兹数量级)的电磁波照射样品,因电磁波波长较长,能量较低,不能引起样品中原子或基团的振动跃迁及起价电子的跃迁,具有较高的图谱分辨率和灵敏度,对于样本的检测不基于任何已有或假设的辐射损伤理论,检测结果不具有偏向性,是分子水平进行无损伤分析测定的重要方法之一[166]。分子内电子云密度的变化体现在质子化学位移的改变,分子中处于不同化学环境的氢原子吸收电磁波产生共振的频率不同,因而磁核周围的磁环境和电子分布也不同,在图谱上出现的化学位移就不同。特征峰数目反映了分子中氢原子化学环境的种类;特征峰的强度比反映了不同化学环境中氢原子的数目比,裂分峰的数目和耦合常数(J)可用于判断相互耦合的氢核数目及基团的连接方式。

依据图 5-2 提供的 ^{1}HNMR 中氢的化学位移数据,可确定模型化合物中不同化学位移特征峰对应的质子归属。选取二苯二硫醚、苯基甲基硫醚、4,4-二羟基二苯砜、十八硫醇等四种含硫模型化合物进行微波辐照,辐照前后的样品在同等条件下进行 ^{1}HNMR 测试(谱图见图 5-3),解析谱图得到各质子的化学位移,结合积分值以及耦合常数(J)等信息,可推测其在分子中的位置,进而探讨微波非热效应对有机硫化合物结构性能的影响。

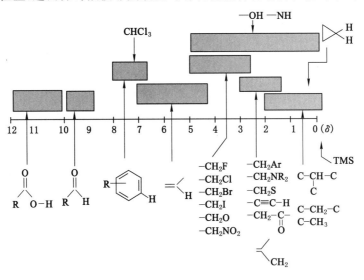

图 5-2　核磁共振氢谱中不同氢的化学位移

由表 5-2 可知,模型化合物分子中各氢原子化学环境的种类在微波辐照前后均未发生变化,不同化学环境中氢原子的数目比也相同。结合各谱峰对应的质子归属,微波非热效应不会引起模型化合物分子中质子的种类和数量发生改变。但部分质子化学位移和耦合常数有不同程度的变化,说明微波非热效应改变了分子内部的电子云密度分布和磁环境,即分子的极性在微波场中发生了变化。二苯二硫醚分子中的硫原子与苯环形成稳定的大 π 键共轭体系,外加微波场对其影响最小,各质子的化学位移基本没变,非热效应仅体现在耦合常数的变化;对于苯基甲基硫醚的质子,非热效应对甲基和苯环上硫对位的氢影响很小,而选择性地使苯环上处于硫原子相对较近的邻位、间位氢的化学环境发生明显变化,说明分子中非热效应影响最大的

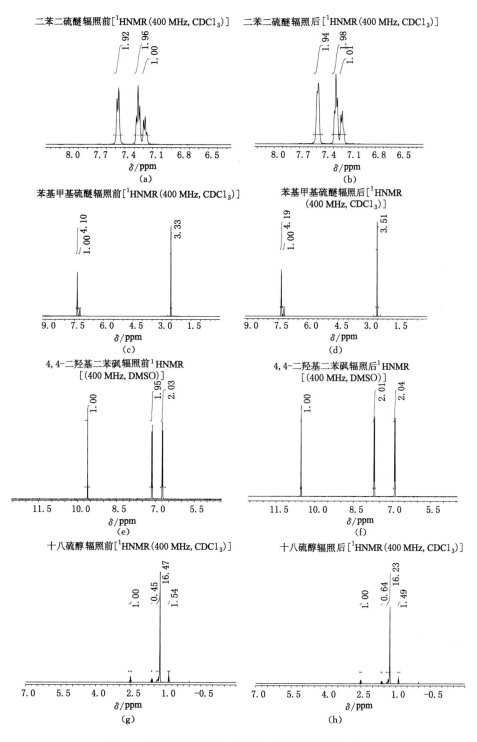

图 5-3　模型化合物微波辐照前后的核磁共振氢谱

（a）二苯二硫醚辐照前；（b）二苯二硫醚辐照后；（c）苯基甲基硫醚辐照前；（d）苯基甲基硫醚辐照后；

（e）4,4-二羟基二苯砜辐照前；（f）4,4-二羟基二苯砜辐照后；（g）十八硫醇辐照前；（h）十八硫醇辐照后

是含硫键;十八硫醇分子中脂肪链较长,运动困难,在微波场作用下难以进行取向极化,各质子的化学位移变化很小,非热效应选择性地使巯基氢的 J 由辐照前 7.4 Hz 减少到辐照后的 6.0 Hz。由于 J 不随外磁场的改变而变化,氢核外的电子云密度降低,J 值减小,说明在非热效应作用下 S—H 键间电子云密度降低,键长变长;表 5-2 中数据显示微波场作用下 4,4-二羟基二苯砜分子内电子云密度变化最明显,具体表现在各类质子的化学位移微波辐照后明显变大,可能是氧硫键的极性较强,分子严重极化变形所致。总体上,相同功率情况下,非热效应对不同种类模型化合物由大到小的影响顺序为 4,4-二羟基二苯砜>十八硫醇>苯基甲基硫醚>二苯二硫醚,即砜类>硫醇类>硫醚类。微波非热效应对模型化合物产生的双重极化作用既包括宏观分子固有偶极矩的取向,也涉及微观原子或电子的极化[167]。

表 5-2   微波辐照前后模型化合物的核磁共振氢谱分析

模型化合物	质子的化学位移(δ)	
	微波辐照前	微波辐照后
二苯二硫醚	^{1}HNMR(400 MHz,CDCl$_3$)δ: 7.48(d,J=7.4 Hz,2H); 7.26(t,J=7.4 Hz,2H); 7.18 (t,J=7.0 Hz,1H)	^{1}HNMR(400 MHz,CDCl$_3$)δ: 7.49(d,J=5.5 Hz,2H); 7.27(t,J=7.0 Hz,2H); 7.20(d,J=6.8 Hz,1H)
苯基甲基硫醚	^{1}HNMR(400 MHz,CDCl$_3$)δ: 7.42—7.30(m,4H); 7.29—7.17(m,1H);2.54(s,3H)	^{1}HNMR(400 MHz,CDCl$_3$)δ: 7.36(dd,J=10.0,3.7 Hz,4H); 7.25—7.19(m,1H);2.54(s,3H)
十八硫醇	^{1}HNMR(400 MHz,CDCl$_3$)δ: 2.52(q,J=7.5 Hz,2H); 1.61(d,J=7.4 Hz,1H); 1.42—1.24 (m,32H); 0.88(t,J=6.8 Hz,3H)	^{1}HNMR(400 MHz,CDCl$_3$)δ: 2.52(q,J=7.5 Hz,2H); 1.61(t,J=6.0 Hz,1H); 1.42—1.23(m,32H); 0.88(t,J=6.8 Hz,3H)
4,4-二羟基二苯砜	^{1}HNMR(400 MHz,DMSO)δ: 9.61(s,1H),7.13(d,J=8.6 Hz,2H), 6.73(d,J=8.6 Hz,2H)	^{1}HNMR(400 MHz,DMSO)δ: 10.53(s,1H),7.70(d,J=8.7 Hz,2H), 6.90(d,J=8.7 Hz,2H)

5.3.2 紫外光谱测试结果分析

为了进一步了解微波非热效应对有机硫化合物微观结构的影响,对辐照前后的十八硫醇、二苯二硫醚和苯基甲基硫醚三种模型化合物进行了紫外光谱测试,谱图见图 5-4。

由图 5-4 可知,十八硫醇分子是不含双键的非共轭体系对紫外无吸收,微波辐照前后均无吸收峰出现,可见即使在有氧情况下微波的非热效应也不能使反应活性较强的硫醇类物质氧化生成砜或亚砜类。苯基甲基硫醚和二苯二硫醚化合物在图中 230 nm 附近都出现了苯环共轭体系中 π—π* 跃迁对应的吸收峰。经过微波辐照后,紫外光谱中的化学位移均发生了一定程度的变化,但二者最大吸收峰的位移方向并不一致。苯基甲基硫醚具有非键电子的硫原子连在甲基上,形成非键电子与 σ 电子的 n—σ 共轭,分子在微波场作用下被极化,吸引 n 轨道的电子更靠近原子核而降低电子的能量,甲基和硫之间的电子云因偏向苯环而

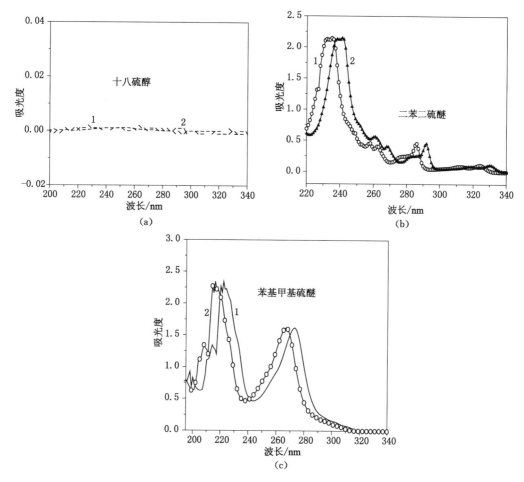

图 5-4 微波辐照前(1)后(2)模型化合物的紫外光谱图
(a) 十八硫醇;(b) 二苯二硫醚;(c) 苯基甲基硫醚

减小,$n \rightarrow \sigma^*$ 跃迁时吸收的能量需要比微波辐照前更高,吸收峰向短波方向位移,即发生了红移现象。二苯二硫醚中的硫原子和苯环共轭体系直接相连,硫原子中非键电子与苯环的 π 电子形成 $n-\pi$ 共轭,碳硫之间具有部分双键结构特征,整个分子内部形成了一个大 π 共轭体系,离域电子数增加,因而具有更高的电子极化率,易吸收微波能量,降低分子的 HOMO—LOMO 能量差即能隙,有利于分子内电子跃迁[168]。电子吸收较低能量即可产生 $\pi-\pi^*$ 跃迁,吸收峰向长波方向移动,即发生紫移现象。由此可见,微波的非热效应可不同程度地极化硫醚类模型化合物,通过改变分子内部的电荷分布和能隙大小等参数,引起分子构象及 C—S 键长的改变,间接实现分子的活化。

5.3.3 红外光谱测试结果分析

通过 ^{1}HNMR 和 UV 分析,获知微波非热效应能够影响分子偶极和能隙等微观性质,为了进一步掌握非热效应对分子内各极性共价键的影响,对辐照前后的含硫模型化合物进行了 FT-IR 测试(谱图见图 5-5)。

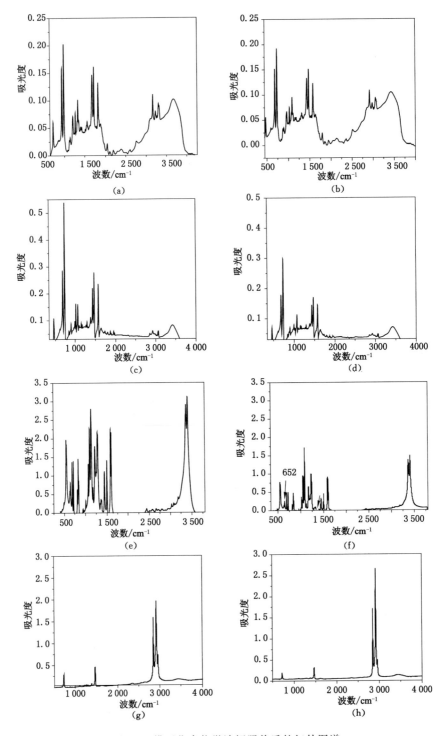

图 5-5　模型化合物微波辐照前后的红外图谱

（a）苯基甲基硫醚辐照前；（b）苯基甲基硫醚辐照后；（c）二苯二硫醚辐照前；（d）二苯二硫醚辐照后；

（e）4,4-二羟基二苯砜辐照前；（f）4,4-二羟基二苯砜辐照后；（g）十八硫醇辐照前；（h）十八硫醇辐照后红外光谱是分子中的原子在其平衡位置附近的振动和分子绕其重心的转动,因吸收红外区域内特定波长的辐射能而形成的吸收光谱。通过分析红外吸收光谱,可定性地推断分子的结构,鉴别分子中所含的基团、分子中化学键的强度以及键长和键角,也可推导反应机理等,具有迅速准确、样品用量少等优点。FT-IR 图谱主要反映分子中强极性基团的振动情况和偶极矩改变的相关信息,偶极矩变化越大,基团振动强度越强,则对应的红外吸收峰强度增加越明显。通过对比,模型化合物微波辐照前后各基团的吸收峰位置一一对应,说明微波的非热效应不会破坏有机硫化合物分子中原有的化学键和基团,也不能生成新的化学键和基团。变化主要体现在吸收谱带的宽窄和吸收峰强度的变化即对极性基团振动强度的影响。非热效应产生的影响主要体现在:仅十八硫醇分子在 $2\,800\sim3\,000$ cm^{-1} 波数范围内 C—H、C—C 键的吸收明显增强,其他几种模型化合物微波辐照后各吸收峰均出现不同程度的减弱。原因是十八硫醇分子的长链碳骨架难以进行取向极化,微波的非热效应主要影响长链中 C—H 和 C—C 键的振动强度,因此只有在 $2\,800\sim3\,000$ cm^{-1} 波数范围内 C—H 及 C—C 键的吸收峰增大,对应化学键的振动强度加强。微波辐照后硫醚类和砜类模型化合物的主要红外吸收峰均明显降低,虽然不同基团吸收峰降低的程度并不一致,但吸收谱带均有所窄化,可见在微波电磁场的作用下,多重极化使分子构型发生改变,电子云重排引起化学键振动强度和偶极矩的改变,从而影响到相应的吸收峰强度和宽度,谱带窄化是由于分子的构型数量和某些化学键的键能分布范围减小所致[169],微波非热效应实现选择性地活化某些反应基团。

通过以上分析,微波的非热效应作用于各个化学键及化学基团,影响分子内部基团的振动强度、稳定性及化学键键能大小。特别是所带电荷多、离子性明显、键级小的硫原子,更易使含硫基团对微波的响应产生影响[170]。外电场能极化电子云密度及形状,但远达不到断键的程度。由于含硫键对应的红外吸收峰较弱,为了进一步研究非热效应对含硫键的影响,对微波辐照前后的模型化合物进行了 LCM-Raman 测试。

5.3.4 显微激光拉曼测试结果分析

LCM-Raman 光谱是研究分子振动和转动信息的特征散射光谱,能精确提供分子的结构信息,已被广泛应用于物质微观结构分析。光谱中谱带的强度、数目、频率位移等都和分子的振动及转动能级有关,各吸收峰主要来自于物质分子的极化率变化。原子间的键长增大,伸缩振动频率就向低频方向移动,产生红移;相反,则产生蓝移现象。振动模式多样化的同一个化学基团,在拉曼图谱上会表现出强度不同的吸收(见表 5-3)。利用部分在 FT-IR 谱图上有弱吸收的基团,在 Raman 谱图上显示为强吸收的互补性关系,可获知微波非热效应对模型化合物中含硫基团振动能量的影响[171]。

对比图 5-6 微波辐照前后模型化合物的拉曼谱图,C—S 键和 S—S 键等在红外谱图中吸收较弱的含硫化学键,在拉曼谱图上则非常明显地显现。在红外谱图上于 $1\,400\sim1\,500$ cm^{-1} 波数范围出现的苯环 C—C 键的伸缩振动吸收峰,与拉曼谱图中吸收峰的化学位移一致。微波辐照后,有机硫化合物中碳的骨架振动强度减弱,对应的拉曼吸收减弱。C—C 键和 C—H 键的伸缩振动以及苯环的相关模式振动强度减小。十八硫醇在 733 cm^{-1},4,4-二羟基二苯砜和二苯二硫醚在 $1\,092$ cm^{-1} 以及苯基甲基硫醚在 691 cm^{-1} 对应的 C—S 共价键

表 5-3　　　　　　　　　　　常见化学基团在拉曼光谱图中的峰位归属

拉曼波数/cm	峰位归属
2 907.7	C—H stretching
1 461.2	CH_2 shear vibration
1 380.8	CH_2 scissoring,C—H and C—O—H deformation
1 340.3	CH_2 twisting,C—O—H bending
1 050.4	C—C stretching
1 080~1 100	C(芳香族的)—S stretching
630~790	C(脂肪族的)—S stretching
550~430	S—S stretching

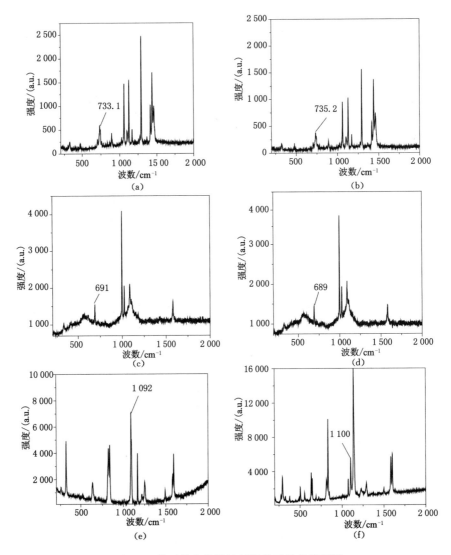

图 5-6　模型化合物微波辐照前后的拉曼图谱

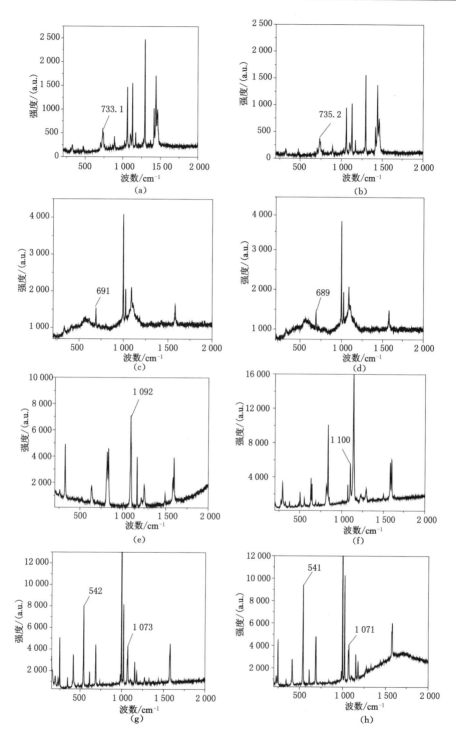

续图 5-6 模型化合物微波辐照前后的拉曼图谱

（a）十八硫醇辐照前；（b）十八硫醇辐照后；（c）苯基甲基硫醚辐照前；（d）苯基甲基硫醚辐照后；

（e）4,4-二羟基二苯砜辐照前；（f）4,4-二羟基二苯砜辐照后；（g）二苯二硫醚辐照前；（h）二苯二硫醚辐照后

伸缩振动强度均非常明显地减弱[172],说明含硫键被有效极化,电子云偏移明显,硫碳原子间的相互作用减弱。变化特别明显的是砜类的 C—S 键,微波辐照后不仅强度明显减弱,而且激发态的极性小于基态,因键长减小而发生明显的蓝移,可能是分子中极性更强的 S═O 键的键长增大所致。可见微波的非热效应可对有机硫化合物中含硫键的极化产生明显影响。

5.4 模拟计算分析

5.4.1 基态分子前线轨道的模拟计算分析

根据前线轨道理论,每个分子轨道都有相应的能量,反应能否发生及过渡态是否形成和反应物的前线轨道密切相关[173]。反应物之间的相互作用仅发生在分子前线轨道之间,前线电子决定分子中电子的转移和得失能力。即最高已占分子轨道(HOMO)和最低未占分子轨道(LUMO)决定分子的主要化学性质,是决定一个体系能否发生化学反应的关键。其中 HOMO 能级反映分子失去电子的能力大小,亲电试剂易进攻其电荷密度最大的原子,能级越高,分子越易失去电子;LUMO 在所有的未占分子轨道中能量最低,易接受电子,亲核试剂易进攻其电荷密度最大的原子,能级越低,该分子越易得到电子。二者的能量差值能隙 $E_{Gap} = E_{LUMO} - E_{HOMO}$,其数值大小反映电子从占据轨道向空轨道发生跃迁的能力,可以用来衡量一个分子是否容易被激发,一般能隙越小,分子越容易被激发。通常共轭程度越大的分子,能隙越大,HOMO 与 LUMO 的结构主要表现为由分子内多个共轭单元共同组成;共轭程度越小的分子,能隙越小,HOMO 与 LUMO 的结构则主要表现为由各共轭单元当中的一部分组成,研究这类分子的共轭特性就是研究有关前线分子轨道的问题。

通过对十八硫醇和不同芳碳比的硫醚类化合物 3-苯基-1-对联苯基-3-(十二烷硫基)丙烷-1-酮(B2)、1,3-二苯基-3-(对甲苯硫基)丙烷-1-酮(B3)、1-苯基-3-(4-苄氧基苯基)-3-(对甲苯硫基)丙烷-1-酮(B4)的模拟计算,四种模型化合物基态时分子的前线轨道见图 5-7 和图 5-8。各模型化合物中 S 原子均具有较高的 HOMO 能级和较低的 LUMO 能级,说明硫醚/硫醇类有机硫化合物中硫原子是化学反应的活性点,易失去电子发生氧化反应,含硫键是化学反应的引发键,发生反应时会优先断裂。这可能是硫醇/醚类化合物易氧化脱除的主要原因[174]。

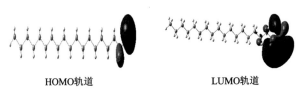

HOMO轨道　　　　　　　　　　　LUMO轨道

图 5-7　十八硫醇分子基态时的前线轨道图

基态结构	HOMO	LUMO

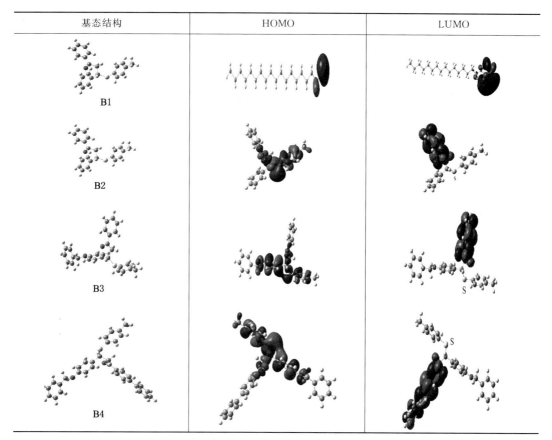

图 5-8　硫醚类模型化合物基态时的分子前线轨道图

5.4.2　外加电场中分子结构特性的模拟计算分析

微波是方向和大小随时间做周期性变化的一种电磁波,微波量子的能量范围大约是 $10^{-2} \sim 10^{-5}$ eV。电场是微波非热效应的主要作用源,采用量子化学计算的方法研究外加微波级能量电场对有机硫化合物分子微观性质的影响,对从分子结构层次研究微波非热效应对脱硫的影响具有一定的参考价值。限于篇幅,我们选择分子中较活泼的碳硫键进行分析,对 3-苯基-1-对联苯基-3-(十二烷硫基)丙烷-1-酮(B2)、1,3-二苯基-3-(对甲苯硫基)丙烷-1-酮(B3)、1-苯基-3-(4-苄氧基苯基)-3-(对甲苯硫基)丙烷-1-酮(B4)和十八硫醇四种模型化合物进行外加微波级能量电场计算,其分子结构特性数据见表 5-4～表 5-7。

结构相似的硫醚类模型化合物芳碳比由大到小的顺序是 B4>B3>B2,B4 的芳香性最强也最稳定。经计算获知基态时三者能隙大小顺序是 B4>B3>B2,但差别并不明显。因为联苯键较大的扭曲影响了分子的共轭程度,对分子总体的共轭程度影响不大,致使联苯键的增长对前线分子轨道能级、能隙以及吸收和发射光谱的影响较小,仅使分子的刚性增强,B2 和 B3 分子间的能隙差别很小。基态时偶极矩的大小顺序是 B4>B2>B3,而同频率下介电常数实部的大小顺序是 B3>B4>B2。说明偶极矩的大小虽然能够比较分子的极性,但极性的绝对值与介电常数不一定成正比。又如 2 450 MHz 处二氯甲烷和四氢呋喃的介电

表 5-4 模型化合物 B2 在外加电场中的分子结构特性

电场方向与强度 /($\times 10^{-4}$a. u.)		C_{16}—S_{15} /nm	偶极矩 /D	能隙 /eV	能量 /(a. u.)
X 轴正向	0	1.875 00	3.389 1	0.155 16	−1 323.873 2
	1	1.875 05	3.397 8	0.155 50	−1 323.873 2
	3	1.875 14	3.370 3	0.156 43	−1 323.873 2
	5	1.875 20	3.353 1	0.157 34	−1 323.873 2
	7	1.875 34	3.349 9	0.158 29	−1 323.873 2
Y 轴正向	1	1.874 95	3.397 8	0.156 43	−1 323.873 2
	3	1.874 86	3.370 4	0.152 69	−1 323.873 2
	5	1.874 75	2.988 5	0.148 12	−1 323.872 6
	7	1.875 49	2.813 5	0.151 88	−1 323.872 4

表 5-5 模型化合物 B3 在外加电场中的分子结构特性

电场方向与强度 /($\times 10^{-4}$a. u.)		C_{16}—S_{15} /nm	偶极矩 /D	能隙 /eV	能量 /(a. u.)
X 轴正向	0	1.875 84	2.391 3	0.150 87	−1 669.469 1
	1	1.875 84	2.315 6	0.150 38	−1 669.469 0
	3	1.875 82	2.194 1	0.149 32	−1 669.468 9
	5	1.875 83	2.119 0	0.148 23	−1 669.468 9
	7	1.875 82	2.092 5	0.147 11	−1 669.468 8
Y 轴正向	1	1.875 85	2.295 4	0.150 31	−1 669.469 0
	3	1.876 04	2.086 4	0.149 25	−1 669.468 8
	5	1.876 07	1.928 9	0.148 12	−1 669.468 7
	7	1.876 09	1.791 9	0.146 98	−1 669.466 3

表 5-6 模型化合物 B4 在外加电场中的分子结构特性

电场方向与强度 /($\times 10^{-4}$a. u.)		C_{16}—S_{15} /nm	偶极矩 /D	能隙 /eV	能量 /(a. u.)
X 轴正向	0	1.875 58	2.898 5	0.148 30	−1 900.540 2
	1	1.875 62	3.033 9	0.144 57	−1 900.540 3
	3	1.875 68	3.322 1	0.147 09	−1 900.540 6
	5	1.875 74	3.621 5	0.148 32	−1 900.540 8
	7	1.875 84	3.933 9	0.149 43	−1 900.541 1

续表 5-6

电场方向与强度 /（$\times 10^{-4}$ a. u.）		C_{16}—S_{15} /nm	偶极矩 /D	能隙 /eV	能量 /（a. u.）
Y 轴正向	1	1.875 68	2.981 1	0.145 40	−1 900.540 3
	3	1.875 73	3.171 9	0.146 27	−1 900.540 5
	5	1.875 82	3.381 1	0.147 08	−1 900.540 6
	7	1.875 90	3.611 2	0.147 86	−1 900.540 8

表 5-7 　　　　　　　　　　十八硫醇分子在外加电场中的分子结构特性

电场方向与强度 /（$\times 10^{-4}$ a. u.）		C_{16}—S_{15} /nm	偶极矩 /D	能隙 /eV	Mulliken charge	能量 /（a. u.）
	0	1.850 01	1.933 1	0.232 25	−0.067 29	−1 107.104 8
X 轴正向	1	1.850 10	1.984 3	0.232 23	−0.067 29	−1 107.104 9
	3	1.802 90	2.093 1	0.232 20	−0.069 06	−1 107.105 0
	5	1.850 48	2.209 9	0.232 20	−0.070 83	−1 107.105 1
	7	1.850 67	2.334 0	0.232 12	−0.072 61	−1 107.105 2
Y 轴正向	1	1.850 10	1.976 8	0.232 45	−0.066 61	−1 107.104 9
	3	1.850 12	2.065 5	0.232 85	−0.067 06	−1 107.105 0
	5	1.850 20	2.156 2	0.233 22	−0.067 51	−1 107.105 2
	7	1.850 27	2.248 6	0.233 59	−0.067 97	−1 107.10 53

常数实部分别为 8.9 和 7.5，而实际测得二氯甲烷和四氢呋喃的偶极矩分别是 1.6 D 和 1.75 D。

由表 5-4～表 5-7 可知，硫醚/硫醇类模型化合物在吸收微波能的过程中，偶极在电场作用下重新排列，电子局部转移引起了分子内电场的变化、分子和化学键的共振，从而在微观结构上产生一些新的变化[175]，表现在分子的偶极矩、能隙、总能量以及键长等参数依赖外电场的大小和方向而变化，影响最大的是分子的偶极矩和能隙。苯环上的 C—C 键、C—H 键变化相对很小，即苯环相对比较稳定。交变电场产生一定的叠加效应，促使分子中的含硫键发生变化[176]，不同芳碳比和含硫量的硫醚类化合物在交变电场作用下，分子偶极矩的变化并不一致，C_{16}—S_{15}（硫原子与非苯环碳相连）键长均得到一定程度的拉长，说明微波的非热效应可选择性活化含硫键，与前面微波非热效应对有机硫模型化合物结构的影响研究结果相一致。由于微波量子的能量相对较低，因此只能引起某些化学键的削弱，远没有达到断裂的程度。可以预见，随着电场的持续增加，最先趋于断裂的是活性较大的 C—S 键。

外加电场作用下，几种硫醚类化合物的能隙均有所降低，分子反应性增强，说明最高占据轨道的电子易被激发至空轨道而形成空穴。含硫化合物分子随外场强度增加而逐渐被活化，反应过程得到加强[177]。

十八硫醇分子在微波级能量电场的作用下，不仅 C—S 键键长有所增加，分子中 S 原子的 Mulliken 电荷也随交变电场强度的增加而减小，硫电负性增大，更容易被氧化剂氧化，致使硫醇类污染物在微波场作用下能够达到很好的氧化脱除效果。

5.5　本章小结

本章通过核磁共振氢谱、紫外光谱、红外光谱和激光共聚焦显微拉曼光谱结合量子化学的理论计算,研究微波非热效应对硫醚/硫醇类模型化合物结构性能的影响,结果如下:

(1)微波的非热效应仅限于对有机硫化合物的分子极化机制,改变了有机硫化合物分子内部的电子云密度分布和磁环境,产生的双重极化特性既可改变微观的电子极化或原子极化,也可改变极性分子固有偶极的取向,影响各个化学键及化学基团的振动强度、键能大小分布及基团的稳定性,使硫醚/硫醇类化合物分子中含硫键的振动强度发生了程度不同的弱化,但不会破坏分子中原有的化学键和基团以及生成新的化学键和基团。

(2)模拟计算结果表明,硫醚/硫醇类有机硫化合物中含硫键的键长较长,属于较弱的化学键,是化学反应的活性点;在微波级交变电场作用下分子的偶极矩和能隙等参数发生较大的改变,C—S键的键长随外场强度的增加而增大,硫醇分子中硫原子的电负性增大更易被氧化脱除。

6 微波辐照脱除炼焦煤中有机硫的实验研究

6.1 引言

  大量存在的灰分和硫分抑制了煤炭在加工过程中的有效利用。煤的脱硫过程往往伴随着降灰,研究证明碱和酸的热溶液是降低煤中灰分和硫分的有效方法之一,对于无机酸来说硝酸比盐酸更有效。西班牙褐煤在 50 ℃和 20％的硝酸溶液中反应 5 min 最多可脱除 92％的无机硫和 18％的有机硫[178];Mukherjee 等研究了不同浓度无机酸对煤炭脱硫的影响,结果表明硝酸和硫酸分别使印度煤达到最大和最小的脱硫率[179];Karaca 用 25％的硝酸在103 ℃半小时内几乎可以把土耳其褐煤中所有的无机硫脱除[180];Alam 等用 30％的硝酸在90 ℃条件下研究伊朗煤的脱硫效果,反应 1.5 h 后可达到 75％的总硫脱硫率[181]。Levent等研究发现,在 4 mol/L 的硝酸溶液中,6 mol/L 的 H_2O_2 在 120 min 内可脱除土耳其褐煤56.54％的总硫和 97.85％的黄铁矿硫,而在 0.05 mol/L 的 H_2SO_4 溶液中 H_2O_2 几乎可脱除所有的无机硫以及 26％～31％的有机硫[182]。

  微波电磁场对极性物质具有诱导效应,并导致物质被加热和产生分子结构的化学、物理效应,煤炭微波脱硫是基于不同介质具有吸收不同频率微波能的这一性质而达到脱硫目的的。煤是一种非同质的混合物,混合物中复介电常数虚部不同,使煤在微波辐照下能够进行选择性的加热和化学反应。有资料显示黄铁矿的介电损耗因素大约为纯煤(不含黄铁矿煤)的 100倍,这导致了黄铁矿的介电加热速率明显超过从黄铁矿到煤的传热速率,因此微波辐照具有内外同时加热的特性,且十分迅速,不会引起煤基体的过热分解。利用微波的均匀、选择性加热及对极性分子和可极化分子的特殊作用,不仅能够有效脱除煤中含硫组分,还能避免煤质的特性变异,具有一定的工业应用前景。国内外对微波脱除煤中硫的研究不断取得新进展,Weng等将原煤在惰性气体中通过微波辐照后,再用酸洗的方法研究脱除煤中的无机硫[183]。Jorjani等在微波辐照的条件下利用过氧乙酸浸泡的方法研究煤的脱硫反应,结果证明微波辐照能够提高过氧乙酸的脱硫率,脱硫率高达 60％[184]。谢克昌等利用微波辐照结合有机溶剂四氯乙烯对北京煤、王庄煤、兖州煤和临汾煤进行了萃取脱硫研究,发现微波联合溶剂萃取法是脱除原煤中有机硫的一种有效方法,随微波辐照时间的延长,煤样的脱硫率呈上升趋势[185,186],但不同煤样在微波作用下具有不同的脱硫效果,这可能与煤中有机硫赋存状态有关。程刚、王向东等研究了微波预处理和微生物联合对煤中硫脱除的影响,发现煤浆浓度、煤粉粒径、微波辐照时间、初始 pH 值、嗜酸氧化亚铁硫杆菌接种量等因素对微波脱硫效果均有影响,结果表明此法可有效缩短微生物脱硫周期,为开发新的煤炭脱硫工艺提供了参考[39]。叶云辉等考察了pH 值、煤粉粒径和煤浆浓度对微波辅助白腐真菌脱硫效果的影响,研究结果表明煤中的无机硫、有机硫和全硫脱除率分别达到 51.61％、52.06％和 54.22％[187]。丁乃东等考察了不同煤种、粒径、试剂种类以及微波辐照条件对脱硫效果的影响。结果表明,微波脱硫速率快,脱硫率较高,反应条件温和,对煤炭性质基本无影响[41]。在诸多煤炭燃前微波脱硫的方法中,微波辅助氧化脱硫技术是另一种有效去除化石燃料中有机硫的方法[188-190]。王建成等运用微波的强化作用,在酸性介质下对煤进行了脱硫研究,采用正交试验法考察发现氧化剂配比、微波辐照时间等条件对煤中有机硫脱除效果均有影响,不同氧化剂配比有不同的脱硫效果;同样随着微波辐照时间的延长,有机硫脱除率增加[191];罗道成将微波技术和硫酸铁氧化结合用于煤炭脱硫,在最优工艺条件下,煤中全硫脱除 62.4%。同时降低煤中灰分,提高热值[192]。此方法中研究较多的氧化剂是绿色环保型的 H_2O_2,可以在较温和条件下选择性地脱除煤中无机硫和大部分有机硫,但单独使用 H_2O_2 氧化脱硫的效果并不理想,反应时间也较长。其脱硫机理是由于在光、电等外加能量场作用下,H_2O_2 能够产生大量强氧化性的活性物质,在强酸环境下,Fe^{2+}、Fe^{3+} 等金属阳离子能够促使 H_2O_2 产生氧化性更强的羟基自由基·OH[193]。这些氧化性较强的物质几乎可以无选择性地与多种有机污染物发生反应,对于难以降解的含硫污染物氧化效果更佳,能够把含硫官能团氧化成可溶于水的磺酸/硫酸盐而脱除,已成为高级氧化技术研究的热点之一[194,195]。

过氧化尿素(Urea hydrogen peroxide,UHP)是过氧化氢和尿素的固体加合物,其活性氧含量较目前市售的各类过氧化物都高,无毒无污染且稳定性强于过氧化氢,易于储存和运输,其水溶液兼有尿素和过氧化氢的性质,在光照或受热的条件下,Fe^{2+}、Cu^{2+}、Pb^{2+}、Mn^{2+} 等痕量金属离子能够催化加速其分解。比过氧化氢更具有工业应用价值,已广泛用于农业、医药、纺织、食品、冶金等领域[196,197]。本章利用微波和硝酸预处理有利于催化氧化有机污染物降解的特点[198,199],进行微波强化脱除炼焦煤中有机硫的研究,旨在为微波技术应用于煤炭脱硫提供有益的探索。

6.2 实验部分

6.2.1 实验仪器与设备

本章所使用主要实验仪器与设备见表 6-1。

表 6-1　　　　　　　　　　　　　　实验仪器与设备

名　称	型　号	厂　家
调频微波反应器	BDS7595—200	杭州八达电器有限公司
2 450 MHz 微波反应器	LWMC—201	南京江陵科技有限公司
2 450 MHz 微波反应器	MCR—3 型	南京三乐电子信息产业集团
840 MHz 微波反应器	WLD20L	南京三乐电子信息产业集团
915 MHz 微波反应器	WY20L	南京三乐电子信息产业集团
全自动定硫仪	SDS601	长沙三德科技股份有限公司
傅立叶变换红外光谱仪	VECTOR33—Bruker OPTIK	德国布鲁克公司

6.2.2 测试条件与计算方法

有机溶剂萃取脱硫实验：山西炼焦精煤破碎至 0.2 mm 以下，自然干燥后，置于干燥器备用，使用前于 100 ℃真空干燥 2 h。

不同频率的微波脱硫实验：微波设备由南京三乐电子信息产业集团有限公司提供。山西炼焦原煤样品破碎至 0.2 mm 以下并干燥处理，5 kW 微波辐照煤样 5 min。

微波预处理氧化脱硫实验：新峪原煤样破碎至粒度为 100～120 网目并干燥处理，使用 LWMC—201 型微波反应器完成。

总硫脱硫率计算：同式(2-2)。

6.3 微波辐照脱硫

根据介电特性的测试结果结合允许工业上使用的微波频段，选择 0.84 GHz、0.915 GHz 和 2.45 GHz 三个频率的微波辐照新峪炼焦原煤进行脱硫实验。根据煤样脱硫后的 XPS 谱图分峰拟合结果，获知煤样中的硫醇(醚)类有机硫的相对含量，以解析微波辐照脱除炼焦煤中硫醚/硫醇类有机硫机理。

6.3.1 微波预处理和复合溶剂协同萃取脱除煤中有机硫

有机溶剂萃取脱硫，在研究方法上首先要解决在不破坏煤中共价键的前提下使煤可溶，即选用溶解性极强的溶剂破坏煤中有机物分子之间的非共价键，使煤中尽可能多的有机物以分子状态溶解；其次还应该有效地增加煤与溶剂之间的接触面积。根据文献，目前从煤萃取液中检测到的有机硫小分子化合物大约有六十多种，所使用的有机试剂主要是四氯乙烯、氯仿、二硫化碳、二氯甲烷、正丙醇、四氢呋喃等[200]。根据极性的不同，分别选择表 6-2 中不同种类的溶剂加热萃取脱除煤样中的有机硫。具体步骤如下：称取 3 g 酸洗法脱除无机硫的煤样放入圆底烧瓶，650 W 微波辐照 5 min，溶剂与煤的液固比(质量比)为 30∶1(若是复合溶剂，则二者的体积比为 1∶1)，在设定温度 100 ℃条件下萃取 120 min。反应结束冷却至室温并减压抽滤，萃余煤在 110 ℃下干燥 10 h，测定含硫量并计算脱除率，数据见表 6-2。

对比分析表 6-2 中数据可知，有机溶剂萃取脱除煤样中有机硫，单一溶剂优于复合溶剂。微波辐照预处理可有效提高煤样中有机硫的脱除率。单一溶剂二硫化碳、二氯甲烷、四氯乙烯、正丙醇和对甲苯酚对煤样萃取有机硫的脱除率分别为 4.7%、5.2%、9.2%、7.3% 和 12.5%，而微波预处理后以上各溶剂在相同的萃取条件下，有机硫的脱除率实现一定程度的提高，分别为 7.8%、10.3%、15.6%、10.1% 和 14.9%；复合溶剂无论有无微波预处理，有机硫的脱除效果都好于以上单一溶剂。对甲苯酚/四氯乙烯、正丙醇/四氯乙烯、二硫化碳/正丙醇、二氯甲烷/四氯乙烯对煤样萃取有机硫的脱除率分别为 17.8%、15.3%、13.2% 和 14.7%，而微波预处理后以上各复合溶剂在相同萃取条件下，有机硫的脱除率分别达到 23.1%、21.7%、17.6%、21.4%。这是因为微波辐照能穿透介质到达煤的内部，煤大分子的稠环结构吸收微波的能力较弱，而以各种非共价键与煤大分子相结合的具有一定极性的小分子如黄铁矿等矿物质由于吸收微波能，温度迅速上升，使煤内部形成一个个微小的空隙，

表 6-2　　　　　　　　　　　溶剂类型对有机硫脱除率的影响

溶剂名称	脱硫率/%	
	微波预处理	未微波预处理
二硫化碳	7.8	4.7
二氯甲烷	10.3	5.2
四氯乙烯	15.6	9.2
正丙醇	10.1	7.3
对甲苯酚	14.9	12.5
对甲苯酚/四氯乙烯	23.1	17.8
正丙醇/四氯乙烯	21.7	15.3
二硫化碳/正丙醇	17.6	13.2
二氯甲烷/四氯乙烯	21.4	14.7

加大了后续被萃取组分的分子由固体内部向固液界面扩散的速率。可见微波预处理和复合溶剂的协同作用可有效提高新裕炼焦煤中有机硫的脱硫效果,但与文献报道的煤样在同样条件下有机硫的脱硫率低了很多[201],因此我们推测新裕煤样的大分子交联成分占有相当大的比例使溶剂萃取脱硫受到一定的限制。

6.3.2　微波辐照脱除硫醚/硫醇类有机硫的研究

目前,工业微波加热设备允许特定使用的工作频率是 840 MHz、915 MHz 和 2 450 MHz。故选择以上三个频率对新峪炼焦原煤经 5 kW 的微波辐照 10 min 后,进行 XPS 测试,根据煤样脱硫后的 XPS 谱图分峰拟合结果(见图 6-1),获知煤样中的硫醇(醚)类有机硫的相对含量(见表 6-3)。

表 6-3　　　　　　新峪炼焦原煤微波辐照前后硫醚(醇)类有机硫的含量

煤　样	$2p$ 结合能/eV	峰面积比/%
微波辐照前	163.65	36.9
840 MHz 微波辐照后	163.67	17.1
915 MHz 微波辐照后	163.87	9.7
2 450 MHz 微波辐照后	163.61	34.8

利用 X—射线光电子能谱结合矢量网络分析仪对不同频率微波辐照前后的煤样进行分析,由表 6-3 可知在微波功率和辐射时间相同的条件下,2 450 MHz 频率微波辐照后,硫醚/硫醇类有机硫组分相对含量变化很小,仅由辐照前的 36.9% 减小到辐照后的 34.8%。而 840 MHz 频率微波辐照后,新峪炼焦原煤中硫醇/硫醚类有机硫含量由辐照前的 36.9% 减小到辐照后的 17.1%,915 MHz 频率微波辐照后,新峪炼焦原煤中硫醇/硫醚类有机硫含量由辐照前的 36.9% 减小到辐照后的 9.7%,840 MHz 和 915 MHz 频率微波辐照后,硫醚/硫醇类有机硫相对含量明显减小。说明微波频率是影响煤样中硫醚/硫醇类有机硫含量

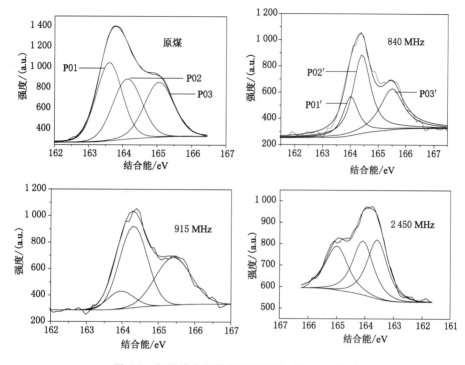

图 6-1 新峪炼焦原煤微波辐照前后的 XPS 谱图

的重要因素。与煤加热过程中硫醚/硫醇类有机硫较易分解的结果相一致[202,203]。而在本实验条件下,体系远未达到有机硫热解需要的温度范围,从微波热效应角度出发,硫醚/硫醇类有机硫的含硫键很难断裂。结合前面量子化学理论计算和微波非热效应对有机硫结构影响的研究,说明微波的非热效应加强了含硫键的破坏。在热效应和非热效应共同作用下,能够促使煤中硫醚/硫醇类有机硫的有效脱除。同时微波辐照还具有使介质内外部加热均匀一致、有效缩短常规加热中的热传导时间、降低能耗以及不会破坏炼焦煤的黏结性等优点。

6.3.3 氧化脱硫

从能量的角度,微波能相比紫外、X—射线等高频辐射能要低得多,不足以破坏有机硫中的化学键,单独用微波辐照很难有效降解煤中有机硫,因此探索微波辅助下的化学脱硫法,引起了人们广泛关注。

在查阅文献的基础上,称取备用煤样 3 g,加入 30 mL 氧化剂溶液,确定影响脱硫率的因素为过氧化尿素浓度、反应温度和反应时间,选择如表 6-4 所示的 3 因素、3 水平模式进行正交试验 $L^9(3^3)$,试验结束后抽滤并用去离子水洗涤残煤至中性,干燥后计算脱硫率并对试验结果进行极差分析。

由表 6-4 的极差分析结果可知,在新峪炼焦原煤的氧化脱硫过程中,对于选定的 3 种因素,对其脱硫率影响最大的是氧化剂过氧化尿素的浓度,反应温度的影响次之,反应时间对脱硫率的影响最小。综合考虑经济及环保因素,氧化脱硫最佳工艺条件应选择氧化剂 UHP 浓度:5%,反应温度:45 ℃,反应时间:1.5 h 为宜。

序号	反应时间/h	反应温度/℃	UHP浓度/%	硫的分布		脱硫率/%	精煤产率/%
				黄铁矿/%	有机硫/%		
1	1.5	30	3	0.76	1.74	9.9	96.5
2	1.5	45	5	0.65	1.71	16.5	94.8
3	1.5	60	7	0.64	1.65	20.1	93.5
4	2.5	30	5	0.66	1.72	16.2	94.1
5	2.5	45	7	0.65	1.62	19.6	94.8
6	2.5	60	3	0.71	1.66	14.3	96.3
7	3.5	30	7	0.67	1.69	19.2	93.3
8	3.5	45	3	0.72	1.68	13.2	97.0
9	3.5	60	5	0.64	1.69	18.7	93.7
V_i	15.5 15.1 12.5						
	16.7 8.4 18.4						
	17.0 17.4 17.4						
Range	1.2 3.3 7.1						

表 6-4　　　　　　　　　　煤的氧化脱硫正交试验结果

注：A:反应时间(h),B:反应温度(℃),C:UHP浓度(%);V_i(wt%):同一水平下试验的平均值;极差=$(V_i)_{max}$。

反应的可能机理是 UHP 吸收能量产生强氧化性过氧化氢和活性分子氧,黄铁矿能够和过氧化氢发生如下的氧化反应[203]:

$$FeS_2 + 7.5\ H_2O_2 \longrightarrow Fe^{3+} + 2SO_4^{2-} + H^+ + 7H_2O$$

6.3.4　微波和硝酸预处理氧化脱硫单因素影响实验

6.3.4.1　预处理时间的影响

准确称取 5 份原煤各 3 g,分别加入 30 mL 的稀硝酸(浓硝酸与水体积比为 1:6,以下同),置于微波反应器,调节微波功率为 650 W,辐照时间分别设定为 0,1,2,4,6 min,然后加入去离子水使体系体积与微波辐照处理前一致(以下各步相同)。加入过氧化尿素并使其浓度为 5%,置入温度为 45 ℃的水浴中,磁力搅拌反应 1.5 h,冷却至室温,抽滤并用去离子水洗涤滤液至中性,滤饼在 110 ℃下干燥 10 h,冷却后称量得反应后煤样质量,进行硫分含量分析。结果见表 6-5,如果不用硝酸和微波预处理,氧化脱硫率很低,预处理时间为 1~4 min 时,脱硫率呈上升趋势;在酸性溶液预处理过程中,随着水分的蒸发,硝酸浓度增大,氧化性增强,煤样中黄铁矿和酸发生了如下一些反应[204]:

$$FeS + 2H^+ \longrightarrow Fe^{2+} + H_2S$$
$$FeS_2 + 4H^+ + 3NO_3^- \longrightarrow Fe^{3+} + SO_4^{2-} + S + 3NO + 2H_2O$$

预处理时间为 4 min 时,脱硫率达到最大值,接近预处理时间为 2 min 时的 2 倍,当预处理时间为 5 min 时,脱硫率反而降低。这是因为预处理时间为 5 min 时,体系温度快速升高,稀硝酸受热分解,酸性和氧化性均降低。因此,适宜的微波和硝酸预处理时间选择为 4 min。

表 6-5		硝酸和微波预处理时间对氧化脱硫的影响		
预处理时间/min	硫的分布		脱硫率/%	产率/%
	黄铁矿/%	有机硫/%		
0	0.65	1.71	16.5	94.8
1	0.59	1.69	28.2	84.1
2	0.22	1.51	44.3	86.2
4	0.08	1.40	51.8	87.3
5	0.08	1.41	50.7	88.7

6.3.4.2 氧化剂浓度的影响

控制微波和稀硝酸预处理时间为 4 min,过氧化尿素水溶液温度 45 ℃,反应时间 90 min,微波功率 650 W,改变 UHP 浓度在 0~9% 范围内进行氧化脱硫实验,结果见表 6-6。在其他条件不变的前提下,随着 UHP 浓度的增大,脱硫率不断增大,如果继续增加 UHP 浓度,则会在生产过程中增加经济成本,因此,适宜的氧化剂浓度选择为 5%。

表 6-6		氧化剂浓度对氧化脱硫的影响		
UHP 浓度/%	硫的分布		脱硫率/%	产率/%
	黄铁矿/%	有机硫/%		
0	0.38	1.77	27.5	90.3
3	0.27	1.72	38.7	89.8
5	0.08	1.40	51.8	87.3
7	0.07	1.38	53.3	85.7
9	0.07	1.36	54.4	85.1

6.3.4.3 反应时间的影响

650 W 微波辐照 30 mL 稀硝酸溶液中的 3 g 新峪原煤 4 min 后,补加水并使 UHP 浓度为 5%,水浴控温在 45 ℃,考察不同反应时间对煤样脱硫效果的影响,结果见表 6-7。反应时间在 30~210 min 范围内,随着反应时间的增大,脱硫率不断增大,当反应时间达到 90 min 时,增大反应时间,脱硫率增大不再明显,因此,适宜的反应时间选择为 90 min。

表 6-7		反应时间对氧化脱硫的影响		
UHP 反应时间/h	硫的分布		脱硫率/%	产率/%
	黄铁矿/%	有机硫/%		
0.5	0.11	1.56	45.6	87.5
1.5	0.08	1.40	51.8	87.3
2.5	0.07	1.39	52.3	87.9
3.5	0.07	1.38	52.7	87.4

6.3.4.4 反应温度的影响

650 W 微波和 30 mL 稀硝酸预处理 3 g 原煤样 4 min 后,在浓度为 5% 的 UHP 溶液中反应 90 min,控制反应温度在 10～60 ℃ 范围内进行氧化脱硫实验,结果如表 6-8 所示。随着反应温度的增大,脱硫率不断增大,但在 45 ℃ 之后增加反应温度,脱硫效果并不明显,如果再增加反应温度,过氧化氢易发生分解,也会在生产过程中增加成本。因此,适宜的反应温度选择为 45 ℃。

表 6-8	反应温度对氧化脱硫的影响			
UHP 反应温度/℃	硫的分布		脱硫率/%	产率/%
	黄铁矿/%	有机硫/%		
10	0.17	1.51	42.9	91.1
30	0.12	1.49	47.7	87.0
45	0.08	1.40	51.8	87.3
60	0.08	1.37	53.2	86.7

6.3.4.5 微波辐照功率的影响

为考察不同微波功率对煤样氧化脱硫反应的影响,采用的微波功率分别为 390 W、455 W、520 W、585 W 和 650 W,与 30 mL 稀硝酸预处理 3 g 原煤样 4 min,UHP 浓度 5%,反应温度 45 ℃,氧化脱硫反应时间 90 min。微波功率对脱硫率影响的实验结果如表 6-9 所示。

表 6-9	微波功率对氧化脱硫的影响			
微波功率/W	硫的分布		脱硫率/%	产率/%
	黄铁矿/%	有机硫/%		
390	0.35	1.53	43.7	81.3
455	0.16	1.51	47.4	83.4
520	0.11	1.49	49.2	84.9
585	0.09	1.46	50.1	86.2
650	0.08	1.40	51.8	87.3

由表 6-9 可知,随着微波功率的增加,精煤产率降低,脱硫率呈上升趋势。功率为 650 W 时,脱硫率达到最大值 51.8%,其中有机硫的脱除率达到 28.5%。这说明微波功率对氧化脱硫反应具有促进作用,在高功率区间,促进效果愈加明显。这是因为微波功率越大,穿透能力越强,煤内部的热效应越明显,一方面硝酸和含硫组分反应速率加快,另一方面硝酸和含硫成分接触面积增加。

6.3.5 脱硫前后煤样的红外光谱分析

为考察微波预处理和 UHP 氧化脱硫过程对煤样的影响,对脱硫前后的煤样进行红外光谱分析(见图 6-2)。与原煤比较,微波和硝酸预处理氧化脱硫后的精煤除了在 2 970 cm^{-1}

和 2 860 cm^{-1}处,脂肪族结构中—CH$_3$和—CH$_2$—的吸收峰无明显变化;在 3 440 cm^{-1}处,形成氢键的 O—H 的吸收峰的强度均有明显增大[205],这可能是硝酸和 UHP 氧化煤样产生的羧基所致[206];在 550~470 cm^{-1}和 1 200~1 000 cm^{-1}区域处是煤中矿物质的吸收峰,在脱硫后明显减弱;696 cm^{-1}(C—S)、539 cm^{-1}和 475 cm^{-1}(—S—S—,—SH)处的吸收峰脱硫后也有明显的降低[207],说明微波预处理和 UHP 氧化脱硫技术能够有效地脱除煤中无机硫,同时可部分脱除煤中的有机硫,但效果并不明显,与新峪煤有机硫组分以稳定的噻吩硫为主、易于被氧化的硫醚/硫醇类和砜类有机硫基本上是以交联大分子形式存在的结果相一致。

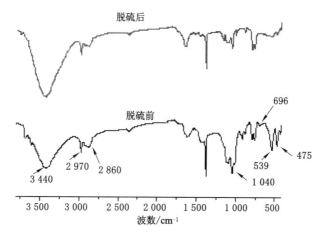

图 6-2　新峪原煤脱硫前后的红外谱图

(微波和硝酸预处理 4 min,5％UHP,45 ℃,反应时间 1.5 h)

6.3.6　脱硫机理分析

与煤样常规氧化脱硫方法相比,微波和硝酸预处理后氧化脱硫能够明显提高新峪炼焦煤的脱硫率。原理是微波具有穿透性和靶向性,能够作用于物质的整个结构区域,对极性分子和可极化分子产生极化效应。由于煤大分子有机质中的含硫化学键两端连接的单元(及其电负性)不同,使煤分子链中的含硫化学键具有一定的极性。加之内部的水分和矿物质吸收微波能力很强,一方面极性基团吸收能量增加分子热运动的动能,另一方面分子取向极化时极性基团与周围环境的内摩擦,削弱了煤中硫原子和其他原子之间的化学亲和力,缩短了含硫物的反应时间,同时随着水分的蒸发,硝酸的氧化性增强,与矿物质反应产生的空隙增加了反应物之间的接触面积,促进含硫物与硝酸溶液发生反应生成可溶性硫化物。另外,预处理时煤样中的矿物质与硝酸反应产生的 Fe^{2+}和 Fe^{3+}等金属阳离子,加入过氧化尿素后,形成了强氧化性的芬顿体系(Fenton System),能够生成强氧化性的羟基自由基(HO·,电极电势高达 2.80 eV,仅次于 F$_2$),氧化难以被一般氧化剂氧化的物质[208]。煤中有机硫的硫原子常以负二价存在,含有两个孤电子对,负电性很强。芬顿试剂可使煤中的硫醚/硫醇类硫甚至稳定的噻吩类硫氧化为可溶形态的物质,从而达到氧化脱除。以二苯并噻吩为例,主要的反应式如下:

$$Fe^{2+}+H_2O_2+H^+ \Longleftrightarrow Fe^{3+}+H_2O+HO\cdot$$

$$Fe^{3+}+H_2O_2 \longrightarrow Fe^{2+}+HO_2\cdot+H^+$$

$$HO\cdot+H_2O_2 \longrightarrow H_2O+HO_2\cdot$$

$$HO_2 \Longleftrightarrow O_2^-+H^+$$

$$HO\cdot+HO\cdot \longrightarrow H_2O_2$$

6.4　本章小结

（1）微波预处理和复合溶剂的协同作用可有效提高新裕焦煤中有机硫的脱硫效果。微波频率是煤样中硫醚/硫醇类有机硫的重要影响因素之一,同样条件下使用 840 MHz 、915 MHz 和 2 450 MHz 频率微波辐照脱除山西炼焦原煤含硫组分,微波频率为 840 MHz 和 915 MHz 对煤样中硫醚/硫醇类的脱除效果远高于频率为 2 450 MHz 的微波。

（2）微波硝酸预处理强化了过氧化尿素对煤中有机硫的氧化作用,提高了有机硫的降解率且对煤样有机质破坏很小。原理是微波利用其独有的穿透性和靶向性,作用于煤大分子有机质中具有一定极性的含硫键,增加了分子热运动的动能,缩短了含硫物的反应时间;微波的非热效应在分子取向极化时削弱了硫原子和其他原子之间的化学亲和力,促进有机硫发生化学反应生成可溶性硫化物而脱除。

7　主要结论与展望

7.1　结论

7.1.1　新峪炼焦煤中有机硫赋存形态的研究

利用溶剂逐级萃取和族组分分离方法,结合定硫仪和X—射线光电子能谱仪的测试,获知新峪炼焦原煤及各族组分中有机硫主要以硫醚/硫醇类、噻吩类和(亚)砜类形式赋存。新峪炼焦精煤中有机硫约占总硫含量的90%,有机硫在各族组分中的含量按沥青烯组分>萃余煤组分>前沥青烯组分>油质组分>重质沥青烯组分的规律分布。

7.1.2　含硫模型化合物的筛选与合成

筛选了不同结构的小分子硫醚/硫醇类化合物,合成了较大相对分子质量的硫醇和不同芳碳比的硫醚类化合物作为含硫模型化合物进行替代研究。其结构分别经红外光谱、核磁共振氢谱和碳谱表征确证。

7.1.3　煤样和硫醚/硫醇类化合物的电磁响应特性研究

利用网络参数法中的传输反射法,通过矢量网络分析仪测试煤样和硫醚/硫醇类模型化合物的电磁响应特性:

(1) 新峪炼焦精煤在 $0.5\sim8$ GHz 的微波频率范围内,煤样的介电常数实部(ε')变化幅度较小在 5 左右;在 $8\sim18$ GHz 的频率范围内呈递减趋势,并且在 11.3 GHz、16.4 GHz、17.8 GHz 处出现峰值。介电损耗角正切值($\tan\delta$)和介电常数虚部(ε'')的变化基本一致,在 $0.5\sim6$ GHz 频率范围变化幅度不大且小于 0.25,频率大于 6 GHz 后有所上升并在 9 GHz 和 13 GHz 附近出现峰值。

(2) 物质的结构、含硫量和微波频率影响有机硫化合物的介电特性。含硫键可明显增加不同结构的硫醚/硫醇类化合物的微波极化响应能力。含硫量越大,介质的 ε' 值越大,但含硫量对 $\tan\delta$ 值的影响很小;不同结构的硫醚/硫醇类化合物最佳微波活化频率并不相同。

(3) 硫醚类化合物的芳碳比影响其介电特性,介电常数实部峰值以及对应的微波频率随着芳碳比的增加而增大。

(4) $0.5\sim2$ GHz 频段范围硫醚/硫醇类化合物的微波热效应和极化响应能力较强,此频段应是微波辐照脱除硫醚/硫醇类物质的最佳频率范围。

7.1.4 微波非热效应对有机硫化合物结构特性的影响

采用核磁共振波谱、激光共聚焦显微拉曼光谱、紫外光谱、傅立叶变换红外光谱等分析技术研究微波辐照的非热效应对硫醚/硫醇类化合物分子结构的影响。结果显示,微波的非热效应可改变分子内部的电荷分布和能隙大小等参数;影响基团的振动强度、共价键的键能分布;间接实现含硫键的活化。但不会在化合物中产生新的化学键及化学基团,也不会破坏其原有的化学键。

7.1.5 硫醚/硫醇类化合物在微波级交变电场作用下的性质研究

利用密度泛函理论优化了模型化合物分子在基态和外加能量场中的结构。获知硫醚/硫醇类有机硫化合物中含硫键的键长较长,属于较弱的化学键,是化学反应的活性点;在微波级交变电场作用下分子的偶极矩和能隙等参数发生较大的改变,C—S 键的键长随外场强度的增加而增大。

7.1.6 微波辐照炼焦煤脱硫的研究

微波辐照炼焦煤脱硫过程中,微波的非热效应促进了含硫键的破坏,在热效应和非热效应共同作用下,炼焦煤中硫醚/硫醇类有机硫可有效脱除。微波和硝酸预处理可强化过氧化尿素氧化脱除煤样中有机硫且对煤有机质影响很小,在最佳脱硫条件下,有机硫的脱除率达到 28.5%。

7.2 主要创新点

(1) 实验获得了新峪炼焦煤中有机硫的赋存状态,合成了不同结构硫醚/硫醇类化合物。

(2) 解析了不同分子结构的硫醚/硫醇类化合物介电响应的影响因素,探讨微波非热效应对有机硫化合物微观结构的影响;揭示了不同分子结构的硫醚/硫醇类化合物对微波作用下的响应机制。

(3) 探讨了微波作用下硫醚/硫醇类有机硫的降解机理,得出了微波辐照脱除的最佳频率范围。

7.3 今后的研究方向

本课题力求在宏观化学反应与微观结构之间建立联系。由于受时间、实验手段、本人水平的限制和煤中有机硫存在的复杂性,使研究的广度和深度比较欠缺。目前工作中存在的不足之处有待继续完善:

(1) 因煤组成的复杂性和检测手段的制约,煤结构至今仍未有定论。在合成的模型化合物中没有体现煤中大量存在的缩合芳香环和更多的杂原子,从而使模型化合物结构不够完善。有必要扩大研究煤种,继续合成一系列和煤的真实结构比较相近的有机含硫化合物并开展微波脱硫实验。

　　（2）模拟计算没有考虑温度、压力的影响，只进行了一种基组状态下的计算。在今后的计算中需要考虑不同条件和基组的影响，以求得更接近实际情况的结果。

　　（3）由于不同频率的微波在使用过程中，对雷达、导航和通信等信号会产生干扰以及微波泄漏可能产生的辐射危险，使频率可重构微波设备的研发、设计、制造以及操作存在一定限制，不同频段微波对有机硫化合物脱除的差异性研究有待进一步开展。

参 考 文 献

[1] 王颖,毕立新,邸玉龙.煤中硫的测定及脱除[J].煤炭与化工,2014,37(10): 151-153.

[2] 李彪,沙杰.煤炭燃前脱硫方法及其应用现状[J].矿山机械,2010,38(20):9-11.

[3] 朱雪莉.煤中硫的赋存规律[J].科技情报开发与经济,2010,20(17):183-184.

[4] 国家统计局.2014年中国焦炭产量[OL]. http://finance. sina. com. cn/ money/ future/ futuresnyzx /20150211/082721526915. shtml,2015-02-11.

[5] 罗陨飞,姜英,刘峰.中国商品煤质量标准体系研究与构建[J].中国煤炭,2015,41 (3):15-18.

[6] 尹丽文.我国已查明煤资源分布特点与开发利用建议[J].国土资源情报,2013,4: 38-40.

[7] 常毅军,王社龙,徐佳妮,等.中国炼焦煤资源保障程度与经济寿命分析[J].煤炭经 济研究,2013,33(3):53-55.

[8] 李广民,王肖戈.我国洁净煤能源开发利用的现状与前景[J].理论月刊,2012,12: 115-118.

[9] CHELGANI S C, JORJANI E. Microwave irradiation pretreatment and peroxyacetic acid desulfurization of coal and application of GRNN simultaneous predictor[J]. Fuel,2011,90(11):3156-3163.

[10] 熊建辉,段旭琴,孙亚君,等.微波技术在煤炭脱硫方面的研究进展[J].选煤技术, 2013(5):89-94.

[11] 刘振宇.煤化学的前沿与挑战:结构与反应[J].中国科学:化学,2014,44(9): 1431-1438.

[12] 高飞,邓存宝,王雪峰,等.煤的化学结构及仪器分析方法[J].辽宁工程技术大学 学报:自然科学版,2012,31(5):720-723.

[13] 贾承造.我国能源前景与能源科技前沿[J].高校地质学报,2011,17(2):151-160.

[14] 代飞.煤焦油加氢集总动力学模型的研究[D].青岛:青岛科技大学,2012.

[15] 秦志宏,张迪,侯翠利,等.煤全组分的族分离及应用展望[J].洁净煤技术,2007, 13(4):61-65.

[16] MALOLETNEV A S, MAZNEVA O A, RYABOV D Y. Chemical structure of the high-molecular-weight hydrogenation products of coal from the Zashulanskoe field[J]. Solid Fuel Chemistry,2012,46(5):315-318.

[17] OLIVELLA M A, PALACIOS J M, VAIRAVAMURTHY A, et al. A study of sulfur functionalities in fossil fuels using destructive-(ASTM and Py-GC-MS)

and non-destructive-(SEM-EDX, XANES and XPS) techniques[J]. Fuel, 2002, 81(4):405-411.

[18] LIU F R, LI W, GUO H Q, et al. XPS study on the change of carbon-containing groups and sulfur transformation on coal surface[J]. Journal of Fuel Chemistry and Technology, 2011, 39(2):81-84.

[19] NOWICKI P, PIETRZAK R, WACHOWSKA H. X-ray photoelectron spectroscopy study of nitrogen-enriched active carbons obtained by ammoxidation and chemical activation of brown and bituminous coals[J]. Energy & Fuels, 2010, 24(2):1197-1206.

[20] TSUBOUCHI N, MOCHIZUKI Y, ONO Y, et al. Functional forms of nitrogen and sulfur in coals and fate of heteroatoms during coal carbonization[J]. Tetsu to Hagane Journal of the Iron and Steel Institute of Japan, 2012, 98(5):11-19.

[21] SAIKIA B K, WARD C R, OLIVEIRA M L S, et al. Geochemistry and nano-mineralogy of two medium-sulfur northeast Indian coals [J]. International Journal of Coal Geology, 2014, 121:26-34.

[22] HE L L, MELNICHENKO Y B, MASTALERZ M, et al. Pore accessibility by methane and carbon dioxide in coal as determined by neutron scattering[J]. Energy & Fuels, 2012, 26(3):1975-1983.

[23] TSENG B H, BUCKENTIN M, HSIEH K C, et al. Organic sulfur in coal macerals[J]. Fuel, 1986, 65(3): 385-389.

[24] 屈争辉. 构造煤结构及其对瓦斯特性的控制机理研究[D]. 徐州:中国矿业大学, 2010.

[25] 雷加锦, 任德贻, 韩德馨, 等. 不同沉积环境成因煤显微组分的有机硫分布[J]. 煤田地质与勘探, 1995, 23(5):14-19.

[26] 代世峰, 艾天杰, 焦方立, 等. 内蒙古乌达矿区煤中硫的同位素组成及演化特征[J]. 岩石学报, 2000, 20(2):269-274.

[27] 王红冬. 山西古交矿区 8♯ 煤中硫的赋存特征[J]. 煤, 2005, 14(4):17-19.

[28] 赵春晓, 赵德智, 刘美, 等. 重油分子结构组成的分析方法研究进展[J]. 应用化工, 2014, 43(5):913-916.

[29] WANG M J, HU Y F, WANG J C, et al. Transformation of sulfur during pyrolysis of inertinite-rich coals and correlation with their characteristics[J]. Journal of Analytical and Applied Pyrolysis, 2013, 104:585-592.

[30] JORJANI E, YPERMAN J, CARLEER R, et al. Reductive pyrolysis study of sulfur compounds in different Tabas coal samples (Iran)[J]. Fuel, 2006, 85(1):114-120.

[31] CASTRO M F, RUSSO M F J, DUIN A C T, et al. Pyrolysis of a large-scale molecular model for Illinois no. 6 coal using the ReaxFF reactive force field[J]. Journal of Analytical and Applied Pyrolysis, 2014, 109:79-89.

［32］ HSI H C，ROOD M J，ROSTAM A M，et al. Effects of sulfur，nitric acid，and thermal treatments on the properties and mercury adsorption of activated carbons from bituminous coals［J］. Aerosol and Air Quality Research，2013，13（2）：730-738.

［33］ MISHRA S，PANDA P P，PRADHAN N，et al. Effect of native bacteria sinomonas flava 1C and acidithiobacillus ferrooxidans on desulphurization of Meghalaya coal and its combustion properties［J］. Fuel，2014，117（A）：415-421.

［34］ 陈瑜. 微生物对煤的表面改性作用及浮选应用［D］. 北京：中国矿业大学（北京），2014.

［35］ ROBERTS M J，EVERSON R C，NEOMAGUS H W，et al. Influence of maceral composition on the structure，properties and behaviour of chars derived from South African coals［J］. Fuel，2015，142：9-20.

［36］ NAMKUNG H，YUAN X Z，LEE G，et al. Reaction characteristics through catalytic steam gasification with ultra clean coal char and coal［J］. Journal of the Energy Institute，2014，87（3）：253-262.

［37］ 李梅，杨俊和，夏红波，等. 高硫炼焦煤热解过程中有机硫形态变迁规律［J］. 煤炭转化，2014，37（2）：42-46.

［38］ 魏贤勇，宗志敏，李保民，等. 煤中含杂原子有机化合物的析出、分离与分析［J］. 中国科技论文在线，2011，6（9）：656-661.

［39］ QIN Z H，ZHANG H F，DAI D J，et al. Study on occurrence of sulfur in different group components of Xinyu clean coking coal［J］. Journal of Fuel Chemistry and Technology，2014，42（11）：1286-1294.

［40］ 王之正，王利斌，裴贤丰，等. 高硫煤热解脱硫技术研究现状［J］. 洁净煤技术，2014，20（2）：76-80.

［41］ KALLINIKOS L E，FARSARI E I，SPARTINOS D N，et al. Simulation of the peration of an industrial wet flue gas desulfurization system［J］. Fuel Processing Technology，2010，91（12）：1794-1802.

［42］ ZHONG J Y，FAN X Y. Kineties of oxidation of total sulfite in the ammonia-based wet flue gas desulforization proeess［J］. Chemical Engineering Journal，2010，164（1）：132-138.

［43］ 刘文华. 洁净煤技术与洁净煤燃烧发电［J］. 能源与环境，2011，4：49-51.

［44］ 徐辉，党红艳. 高硫煤物理脱硫实验探讨［J］. 山东煤炭科技，2012，6：141-142.

［45］ FERNANDO C，JOANA R，ALEXANDRA G，et al. Accelerating lead optimization of chromone carboxamide scaffold throughout microwave-assisted organic synthesis［J］. Tetrahedron Letters，2011，52（48）：6446-6449.

［46］ MAKUL N，KEANGIN P，RATTANADECHO P，et al. Microwave-assisted heating of cementitious materials：Relative dielectric properties mechanical property，and experimental and numerical heattransfer characteristics［J］.

International Communications in Heat and Mass Transfer，2010，37（8）：1096-1105.

[47] BUKHARI S S，BEHIN J，KAZEMIAN H，et al. Conversion of coal fly ash to zeolite utilizing microwave and ultrasound energies：A review［J］. Fuel，2015，140：250-266.

[48] GE L C，ZHANG Y W，WANG Z，et al. Effects of microwave irradiation treatment on physicochemical characteristics of Chinese low-rank coals［J］. Energy Nergy Conversion and Management，2013，71：84-91.

[49] NASCIMENTO U M，AZEVEDO E B. Microwaves and their coupling to advanced oxidation processes：Enhanced performance in pollutants degradation ［J］. Journal of Environmental Science and Health Part A-Toxic/Hazardous Substances & Environmental Engineering，2013，48（9）：1056-1072.

[50] 葛立超，张彦威，王智化，等. 微波处理对我国典型褐煤气化特性的影响［J］. 浙江大学学报：工学版，2014，48（4）：653-659.

[51] 徐东彦，程飞，李美兰. 微波强化氧化处理难降解有机废水研究进展［J］. 现代化工，2013，33（10）：42-46.

[52] 段清兵. 中国水煤浆技术应用现状与发展前景［J］. 煤炭科学技术，2015，43（1）：129-133.

[53] SAHOO B K，DE S，CARSKY M，et al. Enhancement of rheological behavior of Indian high ash coal water suspension by using microwave pretreatment［J］. Ind. Eng. Chem. Res，2010，49（6）：3015-3021.

[54] SONMEZ O，GIRAY E S. Producing ashless coal extracts by microwave irradiation［J］. Fuel，2011，90（6）：2125-2131.

[55] 任瑞峰，董亚. 微波实时测量装炉煤水分试验研究［J］. 物理测试，2010，28（6）：34-36.

[56] ROYAEI M M，JORJANI E，CHELGANI S CHEHREH. Combination of microwave and ultrasonic irradiations as a pretreatment method to produce ultraclean coal［J］. International Journal of Coal Preparation and Utilization，2012，32（3）：143-155.

[57] KUMAR H，LESTER E，KINGMAN S，et al. Inducing fractures and increasing cleat apertures in a bituminous coal under isotropic stress via application of microwave energy［J］. International Journal of Coal Geology，2011，88（1）：75-82.

[58] ZEVITSANOS P D，BLEILER K W. Process for coal desuphurization［P］. 1978，US Patent No. 4076607.

[59] WENG S，WANG J. Mossbauer study of coal desulphurization by microwave irradiation combined with magnetic separation and chemical acid leaching［J］. Science in China Series B，Chemistry，Life Sciences & Earth Sciences，1993，36（11）：1289-1299.

[60] 杨絮. 添加助剂条件下炼焦煤微波脱硫研究[D]. 徐州:中国矿业大学,2014.

[61] 罗道成,汪威. 微波预处理和硫酸铁氧化联合脱硫[J]. 矿业工程研究,2013,28(2):70-74.

[62] 郭靖,马凤云. 溶胀煤制备及煤加氢液化性能的研究[J]. 煤化工,2014,171(2):32-35.

[63] XU N,TAO X X. Changes in sulfur form during coal desulfurization with microwave:Effect on coal properties[J]. International Journal of Mining Science and Technology,2015,25(3):435-438.

[64] XIA W C,YANG J G,LIANG C. A short review of improvement in flotation of low rank/oxidized coals by pretreatments[J]. Powder Technology,2013,237:1-8.

[65] MESROGHLI S,YPERMAN J,JORJANI E,et al. Changes and removal of different sulfur forms after chemical desulfurization by peroxyacetic acid on microwave treated coals[J]. Fuel,2015,154(15):59-70.

[66] OZGUR S,ELIFE S G. Producing ashless coal extracts by microwave irradiation [J]. Fuel,2011,90(6):2125-2131.

[67] 李洪彪,蔡秀凡. 微波辐照下煤的电化学脱硫研究[J]. 燃料与化工,2012,43(3):6-9.

[68] 盛宇航,陶秀祥,许宁. 煤炭微波脱硫影响因素的试验研究[J]. 中国煤炭,2012,38(4):80-82.

[69] 刘松,汪鹏,张明旭. 微波氧化脱除煤中有机硫的试验研究[J]. 中国煤炭,2014,40(11):80-83.

[70] 魏蕊娣. 微波联合超声波强化氧化脱除煤中硫[D]. 太原:太原理工大学,2011.

[71] 韩玥. 不同脱硫剂脱除煤中硫的研究[J]. 煤炭转化,2010,33(3):56-58.

[72] 马先军,朱申红,王庆峰,等. 煤炭高梯度磁选—浮选脱硫降灰试验[J]. 洁净煤技术,2014,20(1):5-10.

[73] 朱向楠. 微波预处理对炼焦中煤解离及浮选行为的影响研究[D]. 徐州:中国矿业大学,2014.

[74] 谢茂华,陶秀祥,许宁. 煤炭介电性质研究进展[J]. 煤炭技术,2014,33(8):208-210.

[75] 褚建萍. 煤化程度与其高压电选关系的研究[J]. 煤炭工程,2011,(7):100-102.

[76] 代敬龙,何清,孙萌. 表面改性强化微粉煤摩擦荷电试验研究[J]. 煤,2014,182(10):8-12.

[77] 黄煜镔,钱觉时,张建业. Fe_2O_3质量分数对粉煤灰颗粒电磁特性的影响[J]. 材料科学与工艺,2010,18(5):675-679.

[78] 李成武,雷东记. 静电场对煤放散瓦斯特性影响的实验研究[J]. 煤炭学报,2012,37(6):962-965.

[79] 吕闰生,彭苏萍,徐延勇. 含瓦斯煤体渗透率与煤体结构关系的实验[J]. 重庆大学

学报,2012,35(7):114-119.

[80] 徐龙君,鲜学福,李晓红.交变电场下白皎煤介电常数的实验研究[J].重庆大学学报,1998,21(3):7-10.

[81] 徐宏武.煤层电性参数测试及其与煤岩特性关系的研究[J].煤炭科学技术,2005,3:42-45.

[82] 冯秀梅,陈津,李宁,等.微波场中无烟煤和烟煤电磁性能研究[J].太原理工大学学报,2007,38(5):405-407.

[83] TAHMASEBI A,YU J L,LI X C,et al. Experimental study on microwave drying of Chinese and Indonesian low-rank coals [J]. Fuel Processing Technology,2011,92(10):1821-1829.

[84] 袁明,蔺华林,李克健.煤结构模型及其研究方法[J].洁净煤技术,2013,19(2):42-46.

[85] ZHANG J L,WENG X X,HAN Y,et al. The effect of supercritical water on coal pyrolysis and hydrogen production:A combined ReaxFF and DFT study[J]. Fuel,2013,108:682-690.

[86] 王德明,辛海会,戚绪尧,等.煤自燃中的各种基元反应及相互关系:煤氧化动力学理论及应用[J].煤炭学报,2014,39(8):1667-1674.

[87] 虞育杰,钟晶亮,刘建忠.水热提质条件下褐煤脱氧过程的量子化学研究[J].中国电机工程学报,2014,34(32):5757-5762.

[88] LING L X,ZHANG R G,WANG B J,et al. DFT study on the sulfur migration during benzenethiol pyrolysis in coal[J]. Journal of Molecular Structure,2010,952(1-3):31-35.

[89] CHEN J H,LEI W C,JIN G A. DFT study of the effect of natural impurities on the electronic structure of galena [J]. International Journal of Mineral Processing,2011,98(3-4):132-136.

[90] 黄充,张军营,陈俊,等.煤中噻吩型有机硫热解机理的量子化学研究[J].煤炭转化,2005,28(2):33-35.

[91] 宋佳,王丽华,林志颜.基于量子化学理论的煤中非噻吩型有机硫热解机理[J].中国新技术新产品,2008,12:3-5.

[92] 么秋香,杜美利,王水利,等.高硫煤中硫的赋存形态及其可选性评价[J].煤炭转化,2013,36(1):24-28.

[93] 罗陨飞,李文华,姜英,等.中国煤中硫的分布特征研究[J].煤炭转化,2005,28(3):14-18.

[94] MIURA K,MAE K,SHIMADA M,et al. Analysis of formation rates of sulfur-containing gases during the pyrolysis of various coals[J]. Energ. Fuel,2001,15(3):629-636.

[95] BERKOWITZ N. The chemistry of coal [M]. New York:Elsevier Science Publishing Compony Inc.

[96] LIU J J,YANG Z,YAN X Y,et al. Modes of occurrence of highly-elevated trace elements in superhigh-organic-sulfur coals[J]. Fuel,2015,156:190-197.

[97] CHEN-LINCHOU. Sulfur in coals:A review of geochemistry and origins[J]. International Journal of Coal Geology,2012,100:1-13.

[98] 吴爱坪,潘铁英,史新梅,等.中低阶煤热解过程中自由基的研究[J].煤炭转化,2012,35(2):1-5.

[99] 吴文忠,朱莉.煤中硫的研究现状[J].山西煤炭,2010,30(3):73-76.

[100] 代世峰,任德贻,宋建芳,等.应用 XPS 研究镜煤中有机硫的存在形态[J].中国矿业大学学报,2002,31(3):225-228.

[101] 陈鹏.鉴定煤中有机硫类型的方法研究[J].煤炭学报,2000,25(12):174-181.

[102] 孙林兵,魏贤勇,刘晓勤,等. Inois NO.6 煤中有机氮和硫赋存形态的研究[J].中国矿业大学学报,2010,5:437-442.

[103] 唐跃刚,张会勇,彭苏萍,等.中国煤中有机硫赋存状态、地质成因的研究[J].山东科技大学学报:自然科学版,2002,21(4):1-4.

[104] 邢孟文,李凡.原煤中可抽提噻吩硫的研究[J],煤炭转化,2011,34(4):1-4.

[105] 刘振学,宋庆峰,徐怀浩,等.煤的萃取脱硫及煤萃取物中有机含硫化合物的研究进展[J].山东科技大学学报:自然科学版,2011,30(3):54-65.

[106] OLUWADAYO O S,TOBLAS H,STEPHEN F F. Structural characterization of Nigerian coals by X-ray diffraction, Raman and FTIR spectroscopy[J]. Energy,2010,35:5347-5353.

[107] 秦志宏,巩涛,李兴顺,等.煤萃取过程的 TEM 分析与煤嵌布结构模型[J].中国矿业大学学报,2008,37(4):443-449.

[108] CHEN Y Y,MASTALERZ M,SCHIMMELMANN A. Characterization of chemical functional groups in macerals across different coal ranks via micro-FTIR spectroscopy[J]. International Journal of Coal Geology,2011,104:22-33.

[109] MOSHFIQUR R,ARUNKUMAR S,RAJENDER G. Production and characterization of ash-free coal from low-rank Canadian coal by solvent extraction[J]. Fuel Processing Technology,2013,115:88-98.

[110] 殷甲楠,张凤桐,樊丽华,等.低阶煤有机溶剂萃取的研究进展[J].洁净煤技术,2014,20(6):100-104.

[111] 张志峰,凌开成,王迎春,等.溶剂抽提对兖州煤高温快速液化反应性的影响[J].煤炭转化,2012,35(3):38-42.

[112] NISHIOKA M. Dependence of solvent swelling on coal concentration:A theoretical investigation [J]. Energy & Fuel,2002,16(5):1109-1115.

[113] SPIRO C L,WONG J,LYTLE F W,et al. X-ray absorption spectroscopic investigation of sulfur sites in coal:Organic sulfur identification[J]. Science,1984,226:48-50.

[114] HUFFMAN G P,MITRA S,HUGGINS F E,et al. Quantitative analysis of all

major forms of sulfur in coal by X-ray absorption fine structure spectroscopy [J]. Energy & Fuels, 1991, 5: 574-681.

[115] 秦志宏, 陈航, 戴冬瑾, 等. 萃取反萃取法研究新峪焦精煤中有机硫的赋存规律 [J]. 燃料化学学报, 2015, 43(8), 897-905.

[116] 降文萍. 溶剂萃取前后煤吸附甲烷特征对比及机理研究[J]. 煤炭科学技术, 2013, 41(3): 114-119.

[117] 张露. 焦煤中有机硫分布的快速溶剂萃取研究[D]. 徐州: 中国矿业大学, 2014.

[118] 陈红. 微波辅助溶剂对煤抽提机制研究及煤组成结构分析[D]. 西安: 西安科技大学, 2009.

[119] 姚素平, 丁海, 胡凯, 等. 我国南方早古生代聚煤过程中硫的生物地球化学行为及成矿效应[J]. 地球科学进展, 2010, 25(2): 174-183.

[120] 吴盾. 淮南煤田早二叠纪岩浆接触变质煤纳米级结构研究[D]. 合肥: 中国科学技术大学, 2014.

[121] 邢孟文. 煤热解过程中噻吩类有机硫释放特性的研究[D]. 太原: 太原理工大学, 2011.

[122] LI L, WU Q, LIU B K, et al. Facile multicomponent synthesis of novel 2, 3-dihydropyran derivatives under solvent-free conditions[J]. Synthesis, 2011, 4: 563-570.

[123] ATUL K, VISHWAD T, PROMOD K, et al. Design and synthesis of 1, 3-biarylsulfanyl derivatives as new anti-breast cancer agents[J]. Bioorganic & Medicinal Chemistry, 2011, 19(18): 5409-5419.

[124] 胡佳, 徐文广, 乐莎. 巯基环糊精的合成[J]. 化工技术与开发, 2010, 39(12): 29-30.

[125] LOMBRANA J I, RODRIGUEZ R, RUIZ Z U. Microwave-drying of sliced mush room analysis of temperature control and pressure[J]. Innovative Food Science and Emerging Technologies, 2010, 11(4): 652-660.

[126] SANTOS T, VALENTE M A, MONTEIRO J, et al. Electromagnetic and thermal history during microwave heating[J]. Applied Thermal Engineering, 2011, 31(16): 3255-3261.

[127] VENKATESH M S, RAGHAVAN G S V. An overview of microwave processing and dielectric properties of agrifood materials [J]. Biosystems Engineering, 2004, 88(1): 1-18.

[128] LESTER E, KINGMAN S. The effect of microwave pre-heating on five different coals[J]. Fuel, 2004, 83: 1941-1947.

[129] 张建业. 高铁粉煤灰特性及其水泥基复合材料吸波性研究[D]. 重庆: 重庆大学, 2010.

[130] 王陆瑶, 孟东, 李璐. "热效应"或"非热效应"——微波加热反应机理探讨[J]. 化学通报, 2013, 76(8), 698-703.

[131] HORIKOSHI S, ABE M, SERPONE N. Influence of alcoholic and carbonyl functions in microwave-assisted and photo-assisted oxidative mineralization[J]. Applied Catalysis B:Environmental,2009,89 (1-2):284-287.

[132] HUANG K M. Measurement computation of effective permittivity of dilute solution in saponification reaction[J]. IEEE Transactions on Microwave Theory Techniques,2003,51(10):2106-2112.

[133] XIA W C,YANG J G,LIANG C. Effect of microwave pretreatment on oxidized coal flotation[J]. Powder Technology,2013,233(2):186-189.

[134] 李春阳.我国煤中溴元素含量分布与赋存形态的基础研究[D].阜新:辽宁工程技术大学,2012.

[135] 张小东,张鹏.不同煤级煤分级萃取后的 XRD 结构特征及其演化机理[J].煤炭学报,2014,39(5):941-946.

[136] 张嬿妮,邓军,杨华.不同变质程度煤微观结构特征的试验研究[J].安全与环境学报,2014,14(4):67-71.

[137] 周剑林.低阶煤含氧官能团的赋存状态及其脱除研究[D].北京:中国矿业大学(北京),2014.

[138] ZHANG H,DATTA A K. Microwave power absorption in single and multiple item foods[J]. Food and Bioproducts Processing,2003,81(3):57-265.

[139] 雷鹰.微波强化还原低品位钛精矿新工艺及理论研究[D].昆明:昆明理工大学,2011.

[140] HORIKOSHI S,KAJITANI M,SAM S,el al. A novel environmental risk-flee microwave discharge electrodeless lamp (MEDL) in advanced oxidation processes degradation of the 2,4-herbicide[J]. Journal of Photochemistry and Photobiology A:Chemistry,2007,189 (2/3):355-363.

[141] 马双忱,金鑫,姚娟娟,等.微波辐照活性炭脱硫脱硝过程中炭损失研究[J].煤炭学报,2011,36(7):1184-1188.

[142] MARLAND S,MERCHANT A,ROWSON N. Dielectric properties of coal[J]. Fuel,2001,80:1839-1845.

[143] NELSON S O,FANSLOW G E,et al. Frequency dependence of the dielectric properties of coal[J]. J. Microwave. Power. E. E. ,1980,15:277-282.

[144] 王恩举,陈光英,彭明生.NMR 研究 β-环糊精对布洛芬的手性识别[J].波谱学杂,2009,26(2):216-222.

[145] 申曙光,李焕梅,王涛,等.煤化程度对煤基固体酸结构及其水解纤维素性能的影响[J].燃料化学学报,2013,41(2):1466-1472.

[146] EINFELDT J, MEILNER D, KWASNIEWSKI A. Polymer dynamics of cellulose and other olysaccharides in solid state—secondary dielectric relaxation processes[J]. Progress in polymer science,2001b,26:1419-1472.

[147] MEIBNER D,EINFELDT J. Dielectric relaxation analysis of starch oligomers

and polymers with respect to their chain length[J]. Journal of Polymer Science Part B:Polymer Physics,2004,42(1):188-197.

[148] CHEN S H, WANG E Y. Electromagnetic radiation signals of coal or rock denoising based on morphological filter[J]. Procedia Engineering,2011,26:588-594.

[149] 程钰间,夏支仙,王磊,等.频率可重构的微波煤炭脱硫实验装置[J].电子科技大学学报,2014,43(1):31-35.

[150] CHENG J, ZHOU J H, LI Y C, et al. Improvement of coal water slurry property through coal physicochemical modifications by microwave irradiation and thermal heat[J]. Energy & Fuels,2008,22:2422-2428.

[151] 张成,李婷婷,夏季,等.高硫煤不同气氛温和热解过程中含硫组分释放规律的实验研究[J].中国电机工程学报,2011,31(14):24-31.

[152] SHIMON M. Mechanisms of objectionable textural changes by microwave reheating of foods:A review[J]. Journal of Food Science,2011,71:57-62.

[153] 陈新秀,徐盼,夏之宁.微波辅助有机合成中"非热效应"的研究方法[J].化学通报,2009(8):674-679.

[154] KAPPE C O, STADLER A, DALLINGER D. Microwaves in organic and medicinal chemistry[M]. 2nd ed. Weinheim:Wiley-VCH,2012.

[155] 马双忱,姚娟娟,金鑫,等.微波化学中微波的热与非热效应研究进展[J].化学通报,2011,74(1):41-46。

[156] 陈新秀,徐盼,夏之宁.微波辅助有机合成中"非热效应"的研究方法[J].化学通报,2009,72(8):674-680.

[157] 魏砾宏,姜秀民,李爱民.矿物成分对超细化煤粉燃烧硫转化影响的实验研究[J].环境科学.2006,27(9):1722-1726.

[158] 杨换凌,张忠孝,乌晓江.高碱煤中 NaCl 与水冷壁吸附作用的量子化学研究[J].上海理工大学学报,2013,35(5):309-414.

[159] 刘晶,郑楚光,陆继东.燃烧烟气中铅反应的量子化学计算方法[J].燃烧科学与技术,2007,13(5):427-430.

[160] JIA J B, WANG Y, LI F H, et al. IR spectrum simulation of molecular structure model of shendong coal Vitrinite by using quantum chemistry method[J]. Spectroscopy and Spectral Analysis,2014,34(1):47-51.

[161] CRUZ J, PANDIYAN T, GARCIAOCHOA E. A new inhibitor for mild carbon steel electrochemical and DFT studies[J]. Electroanal Chem,2005,583(1):8-16.

[162] 武文明,张炜,陈敏伯,等.理论研究丁羟粘合剂化学键解离及其对力学性能的影响[J].化学学报,2012,70(18):1145-1152.

[163] 唐诗雅,傅尧,郭庆祥.铬族金属氢化物中 M—H 键键能的从头计算[J].化学学报,2012,70(18):1923-1929.

[164] 李鸿志,陶委,高婷,等.密度泛函理论计算 Y—NO 键均裂能精度[J].高等学校化学学报,2012,33(2):346-353.

[165] 王新华,冯莉,曹泽星,等.取代基效应对褐煤模型化合物离解焓影响的理论研究[J].化学学报,2013,71(7):1047-1052.

[166] 王敏,潘晓婧,刘斌,等.核磁共振氢谱代谢组学方法确定 X 射线对小鼠辐射的损伤[J].中国组织工程研究,2013,17(46):8049-8055.

[167] SCPLIARSKY M,ASTHAGIRI A,PHILLPOR S R,et al. Atomic level simulation of ferrocleetrieity in oxide materials[J]. Curr. Opin. Solid Stam Mater. Sci,2005,9(3):107-113.

[168] 朱明华.仪器分析[M].2 版.北京:高等教育出版社,2000.

[169] FLORES M A,JIMÉNEZ E M,MORA E R. Determination of the structural changes by FT-IR,Raman, and CP/MAS 13C NMR spectroscopy on retrograded starch of maize tortillas[J]. Carbohydrate Polymers,2011,87(1):61-68.

[170] 张明旭,杜传梅,闵凡飞,等.外加能量场对煤中有机硫结构特性影响规律的量子化学研究[J].煤炭学报,2014,39(8):1478-1484.

[171] 裴剑,谢涛嵘,严喆,等.拉曼光谱法研究不同环境温度下脉冲电场对胰岛素二级结构影响及理论模型分析[J].光谱学与光谱分析,2011,31(6):1537-1540.

[172] 季瑗,周群,李晓伟,等.对巯基苯甲酸的表面增强拉曼光谱[J].分析化学,2004,32(8):1050-1052.

[173] LI X H,ZHANG R Z,ZHANG X Z. Theoretical investigation on the geometric,spectroscopic,nonlinear optical parameter,and frontier molecular orbital of 1,3-bis(4-methoxyphenyl)prop-2-en-1-one by DFT/ab initio calculations[J]. Canadian Journal of Chemistry-revue Canadienne de Chimie,2013,91(12):1225-1232.

[174] 王青宁,张正才,谢振萍,等.凹凸棒黏土脱硫剂脱除 RFCC 汽油中的硫醇和硫醚[J].化工学报,2012,63(1):292-300.

[175] 陈琳,吴宇,隆正文,等.外电场对胸腺嘧啶分子性质的影响[J].信阳师范学院学报:自然科学版,2015,28(1):42-46.

[176] 包肖婧,曲丽君,郭肖青,等.微波辐照大麻脱胶中的非热效应[J].纺织学报,2014,35(1):67-71.

[177] 严东,周敏.煤炭微波脱硫技术研究现状与发展[J].煤炭科学技术,2012,40(7):125-128.

[178] ALVAREZ R,CLEMENTE C,LIMON D G. The influence of nitric acid oxidation of low rank coal and its impact on coal structure[J]. Fuel,2003,82:2007-2015.

[179] MUKHERJEE S,BORTHAKUR P C. Chemical demineralization/desulphuriza-tion of high sulphur coal using sodium hydroxide and acid solutions[J]. Fuel,

2003,80(14):2037-2040.

[180] KARACA S, AKYUREK M, BAYRAKCEKEN S. The removal of pyretic sulfur from Ashkal lignite in aqueous suspension by nitric acid[J]. Fuel Processing Technology,2003,80:1-8.

[181] ALAM H G,MOHADDAM A Z,OMIDKHAH M R. The influence of process parameters on desulfurization of Mezino coal by HNO_3/HCl leaching[J]. Fuel Processing Technology,2009,90(1):1-7.

[182] LEVENT M, KAYA O, KOCAKERIM M, et al. Optimization of desulphurization of Artvin-Yusufeli lignite with acidic hydrogen peroxide solutions[J]. Fuel,2007,86(7-8):983-992.

[183] WENG S, WANG J. Exploration on themechanism of coal desulphurization using microwave irradiation/acid washing method[J]. Fuel Processing Technology,1992,31:230-240.

[184] JORJANI E,REZAI B,VOSSOUGHI M,et al. Desulphurization of Tabas coal with microwave irradiation /peroxyacetic acid washing at 25,55 and 85 ℃[J]. Fuel,2004,83:943-949.

[185] 米杰,任军,建成,等. 超声波和微波联合加强氧化脱除煤中有机硫[J]. 煤炭学报,2008,33(4):435-438.

[186] 杨永清,崔林燕,米杰,等. 超声波和微波辐射下萃取煤的有机硫形态分析[J]. 煤炭转化,2006,29(2):8-11.

[187] 叶云辉,王向东,蒋文举,等. 微波辅助白腐真菌煤炭脱硫实验研究[J]. 环境工程学报,2009,3(7):1303-1306.

[188] SHANG H,DU W,LIU Z C,et al. Development of microwave induced hydride sulfurization of petroleum streams: A review[J]. Ournal of Industrial and Engineering Chemistry,2013,19:1061-1068.

[189] FAISAL M, RAMLI M, FARID N A, et al. A review on microwave assisted pyrolysis of coal and biomass for fuel production[J]. Renewable and Sustainable Energy Reviews,2014,39:555-574.

[190] MA S C,JIN Y J,JIN X, et al. Influences of co-existing components in flue gas on simultaneous desulfurization and denitrification using microwave irradiation over activated carbon[J]. J Fuel Chem Technol,2011,39(6):460-464.

[191] 王建成,鲍卫仁,米杰,等. 煤中硫的超声波和微波辐射脱除[J]. 太原理工大学学报,2003,34(6):744-746.

[192] 罗道成,汪威. 微波预处理和硫酸铁氧化联合脱硫[J]. 矿业工程研究,2013,28(2):70-74.

[193] FALLAVENA V L, INACIO T D, ABREU C S, et al. Acidic peroxidation of brazilian coal:Desulfurization and estimation of the forms of sulfur[J]. Energy & Fuels,2012,26(2):1135-1143.

[194] NAGEL M E,CARVALHO C R S,MATIAS W G, et al. Removal of coloured compounds from textile industry effluents by UV/H_2O_2 advanced oxidation and toxicity evaluation[J]. Environmental Technology, 2011,32(6):1867-1874.

[195] 叶文旗,赵翠,潘一,等.高级氧化技术处理煤化工废水研究进展[J].当代化工,2013,42(2):172-174.

[196] 刘冠兰.萝卜磷脂氢谷胱甘肽过氧化物酶的抗氧化功能研究[D].北京:清华大学,2010.

[197] 朱本占,任福荣,夏海英,等.不依赖于过渡金属离子的卤代醌介导的新型有机类 Fenton 反应机理[J].生物物理学报,2012,28(4):324-331.

[198] 谢顺强.微波—活性炭组合技术在难生化废水降解中应用研究[D].厦门:厦门大学,2011.

[199] 郭元平,郭元金,员涛,等.超声波辐射快速合成过氧化尿素[J].无机盐工业,2010,42(1):48-49.

[200] SHUI H F,WANG Z C,WANG G Q. Effect of hydrothermal treatment on the extraction of coal in the CS_2/NMP mixed solvent[J]. Fuel,2006,85:1798-1802.

[201] 韩玥.不同脱硫剂脱除煤中硫的研究[J].煤炭转化,2010,33(3):56-58.

[202] CHERN J S, HAYHURST A N. Fluidised bed studies of:(i)Reaction-fronts inside a coal particle during its pyrolysis or devolatilisation,(ii) the combustion of carbon in various coal chars[J]. Combustion and Flame, 2012, 159(1): 367-375.

[203] PECINA E T, RENDON N, DAVALOS A, et al. Evaluation of process parameters of coal desulfurization in presence of H_2O_2 and complexing agents [J]. International Journal of Coal Preparation and Utilization,2014,34(2): 85-97.

[204] SAIKIA B K, KAKATI N, KHOUND K, et al. Chemical kinetics of oxidative desulphurisation of indian coals[J]. International Journal of Oil Gas and Coal Technology,2013,6(6):720-727.

[205] BROZEK M,MLYNARCZYKOWSKA A. An analysis of effect of particle size on batch flotation of coal[J]. Physicochemical Problems of Mineral Processing, 2013,49(1):341-356.

[206] 刘博.Zn/Mg/Al—LDHs/神府煤复合材料结构与性能研究[D].西安:西安科技大学,2014.

[207] SHEN Y F,SUN T H,JIA J P. A novel desulphurization process of coal water slurry via sodium metaborate electroreduction in the alkaline system[J]. Fuel, 2012,96(7):250-256.

[208] ZHANG H B, SU C H, ZHU Y Y. Mechanism research on electrochemical catalytic oxidation desulfurization of high sulfur coal[J]. Advanced Materials Research,2014,962:843-846.